인테리어
셀프 실전
교과서

인테리어 업체에 기죽지 않는 건축주를 위한
설계·계약·시공·자재·마감 공정별 인테리어 실전 가이드

점효 지음 | **신병민** 감수

보누스

2021년에 직접 신혼집 인테리어 디자인을 설계하고, 턴키 업체를 통해 그 인테리어를 구현해 본 적이 있다. 참고로 턴키(turn-key)란 열쇠만 돌리면 모든 설비가 작동하는 상태까지 작업한다는 뜻으로, 업체가 시공의 모든 부분을 책임지고 완성한다는 의미다. 당시 인테리어 업체를 십여 군데 미팅한 뒤 최종 시공을 맡아줄 업체를 구했다. 명확한 설계도와 자재 스펙을 정하고 업체 미팅에 나섰지만, 미팅한 업체 중 절반 정도는 정확한 시공 견적을 주는 것조차 꺼렸다. 심지어 견적을 받은 나머지 업체에서 제시한 금액은 평당 220만 원(총 5500만 원)에서 평당 600만 원(1억 5000만 원)까지 굉장히 광범위했다. 공정별로 나뉜 상세 견적 역시 업체별로 매우 달라서 무엇을 믿어야 할지 혼란스러웠다.

당시 고민 끝에 평당 350만 원 정도의 견적을 제시한 한 업체를 선정했다. 동네 시공 경력이 길었고, 미팅한 업체 중에서 유일하게 실내 건축 면허가 있는 업체라는 점에서 신뢰할 수 있었다. 젊은 실장님과 함께 의사소통하면서 비교적 원하는 퀄리티의 시공 결과를 얻을 수 있었다.

그때만 하더라도 이듬해 직접 시공까지 도전하리라곤 생각지 못했다. 건축사인 남편은 고급 주택을 설계하고 감리해 본 경험이 다수 있었고, 청담동 초호화 빌라의 시공 과정을 감리하기도 했다. 그러나 직접 시공에 나선 적은 한 번도 없었다. 건축사 대부분은 시공을 이론으로 알고 있거나 그 지식을 바탕으로 시공 단계를 감리할 뿐, 직접 시공 감독을 하지는 않는다.

다행히 도전은 성공적이었다. 크고 작은 시행착오를 겪었지만, 그 과정에서 많은 것을 배웠다. 부끄러움을 무릅쓰고 세세한 시행착오까지 공개하는 것은 이 경험을 통해서 셀프 인테리어에 도전하는 독자들에게 조금이라도 도움이 되길 바라서다. 사실상 아마추어의 첫 인테리어 시공을 가감 없이 담았기 때문에 이 책에는 인테리어에 문외한인 개인이 셀프 인테리어에 도전하는 모든 시행착오가 녹아 있다고 해도 무방하다.

셀프 인테리어는 누구든 도전할 수 있고, 성공할 수 있다. 시공은 기술자가 하고 디자인은 디자이너가 한다. 셀프 인테리어에 도전하는 건축주, 즉 '셀인러'들은 전반적인 그림을 보는 눈만 있으면 된다.

물론 이른바 무몰딩, 무문선, 히든 도어 등으로 대표되는 하이엔드 인테리어를 초짜가 단번에 성공하기는 쉽지 않다. 하지만 누구나 약간의 도움만 받는다면 직영 인테리어 시공으로도 중상급 이상의 퀄리티는 충분히 구현할 수 있다. 웬만한 자재비나 인건비는 간단한 검색만으로 알아낼 만큼 시장이 투명해졌고, 기술자들의 숙련도 역시 상당한 수준으로 상향 평준화가 이뤄진 덕분이다.

최근 하이엔드 턴키 시장에서 수도권 기준으로 평균적인 시공비는 평당 400만 원을 훌쩍 넘는다. 하지만 직접 도전한 직영 인테리어에서는 4분의 1 수준인 평당 시공비 100만 원을 목표로 잡았다.(주변 건축사들은 모두가 불가능하다고 했다.) 결과적으로 평당 시공비 120만 원에 원하는 설계를 구현하는 데 성공했다. 물론 원하는 것들을 모두 다 넣은 설계는 아니고, 예산에 맞도록 설계를 조정했기 때문에 가능한 일이었다.

　인테리어 시공을 성공적으로 마치기까지 약 4주 동안 매일 현장으로 출근해 아침부터 저녁까지 꼼꼼히 공정을 감리했다. 따라서 평당 120만 원이라는 가격은 감리 인건비를 더하지 않은 순수한 공정 견적이다. 그러니까 같은 시공을 인테리어 업체를 통해 턴키로 진행하는 경우에는 평당 200만 원 정도면 매우 정직한 견적을 받은 것이라 생각한다. 직영 시공을 통해 턴키 업체에 맡기는 것 대비 30~40% 이상의 비용을 절약할 수 있다는 것은 셀프 인테리어의 엄청난 장점이다.

　필자는 거의 모든 시공 과정을 하나도 빠짐없이 지켜보고 직접 참여하면서 일을 도왔다. 뒤돌아보면, 아무리 셀프 인테리어라고 해도 이 책에서 쓴 것만큼 꼼꼼하게 감리할 필요는 없다고 생각한다. 다만 이 기회를 통해 철거부터 실리콘까지 모든 공정을 세세히 익힐 수 있었다. 총 15개 내외 공정을 맡은 기술자들을 직간접적으로 대면하면서 폭풍 질문으로 귀찮게 했고, 그만큼 어깨너머로 많은 것을 배웠다. 아무리 문외한이라도 시간과 노력을 투입한다면 그만큼 나은 결과물을 얻을 수 있다.

　만약 당신이 직영 시공에 투입할 시간적 여력이 없다면 믿을만한 턴키 업체에 인테리어를 맡기는 것도 추천한다. 특히 하이엔드 퀄리티 시공(2024년 기준 평당 450만 원 이상의 시공)을 직영으로 시도하려면 신경 써야 할 세세한 부분이 너무나 많다.

　턴키 업체가 수천만 원의 이익을 가져가는 것은 가치에 걸맞은 노하

우와 숙련도를 보유하고 있고, 책임 있는 애프터 서비스를 제공하기 때문이다. 셀프 인테리어 카페에서 종종 인테리어 업체들을 싸잡아 이른바 '업자'나 '사기꾼'으로 묘사하지만, 과도한 일반화의 오류라고 생각한다. 턴키와 직영 시공 양쪽을 모두 경험한 필자는 턴키 업체에 시공을 맡긴 주택에서 매일 감사하며 거주하고 있다. 턴키 업체에 명절마다 과일 한 박스를 보낼 정도로 집에 대한 만족도가 높다.

하지만 맞벌이 부부 기준으로 한 달에 일주일씩 번갈아 가며 연차나 휴무를 내고 현장을 찾아 감리할 여유가 있는 직업이거나, 경제적인 비용으로 인테리어를 하고 싶다면 직영 시공은 엄청난 메리트가 있다. 특히 본인이 체력이 좋고(매우 중요하다!), 부지런하고, 인터넷 검색을 잘 활용할 수 있다면 충분히 가능하다.

셀프 인테리어를 하기 전 고려해야 할 점

셀프 인테리어는 기존 집의 내부(인테리어)를 개조하는 것으로 벽지나 타일 일부, 수전 등을 교체하는 작은 규모부터 구조 변경과 단열, 방수를 포함한 올 수리·올 철거와 같이 집 전체를 아우르는 대규모 작업까지 포함하는 개념이다. 주로 기능적인 목적으로 시행된다.

인테리어가 집 내부를 개조하는 작업이라면, 스타일링은 말 그대로 공간을 꾸미는 작업을 뜻한다. 조명을 교체하거나 페인트칠을 하는 것, 가구나 소품을 교체하는 것이 셀프 스타일링에 해당하며 주로 심미적 목적으로 행해진다.

턴키(turn-key)란 열쇠만 돌리면 모든 설비가 작동하는 상태까지 작업한다는 뜻으로, 업체가 시공의 모든 부분을 책임지고 완성한다는 의미다. 다시 말해 건축주가 업체 선

정과 시공 전 인테리어 콘셉트를 정하면, 결정된 대로 인테리어 시공을 업체에 일임하여 완성하는 작업 방식을 뜻한다.

직영 시공은 집주인, 즉 건축주가 직접 인테리어 시공을 하는 것을 말한다. 단, 철거, 배관, 미장, 방수, 타일, 마루 등 모든 작업을 건축주 혼자 한다는 의미는 아니라는 것에 주의해야 한다. 한 업체에 모든 것을 맡기는 턴키 방식과는 달리 각 작업 공정에 전문가를 섭외하고, 이들을 관리하는 시공 총책임자가 된다는 의미다.

철거는 말 그대로 기존에 시공되어 있는 내부 인테리어 자재를 모두 뜯어내고 새로 시공하는 것이고, 부분 철거는 시공이 불필요한 부분을 그대로 두거나 덧방이라고 해서 기존 인테리어 자재 위에 새로운 자재를 덧대 시공하는 것을 말한다. 덧방은 주로 화장실 시공 방식을 결정할 때 고려되는 개념이다.

인테리어 범위를 어디까지 하는지에 따라 철거 및 수리 방법과 범위도 결정된다. 굳이 철거가 필요 없다고 생각하더라도 지은 지 오래된 집은 긴 시간 동안 누적된 수리 잔해가 많다. 인테리어 시공에서는 집의 겉부분만이 아니라 속까지 생각해야 한다.

셀프 인테리어 시공을 통해 오래된 집의 기능성을 향상하고 싶다면 기본적으로 철거 인테리어를 기본으로 하되, 부분적으로 남겨 놓거나 덧방으로 시공하는 것을 추천한다.

CHAPTER 1

계획하기

직영 시공에 도전하다

이 책에서 셀프 인테리어 시공의 주 무대가 될 현장은 서울 한복판에 위치한 30평 아파트다. 1983년도에 준공돼 시공 당시 40년 연한을 채운 이 아파트는 나쁘지 않은 시내 접근성에도 불구하고, 재건축이 거의 불가능한 높은 용적률과 오래된 내부로 인해 시장에서 제값을 인정받지 못하고 있었다. 특히 아파트는 긴 임대 기간 동안 수리가 거의 이뤄지지 않은 탓에 기능 면에서나 디자인 면에서나 거의 최악의 상황이었다. 이 오래된 집을 보자마자 누구든 따뜻하게 살 수 있는 보금자리로 재탄생시키고 싶다는 마음이 들 정도였다.

최대 난관은 예산이었다. 3000만 원, 즉 평당 100만 원에 올 수리·올 철거 인테리어를 실행해야 했다.(단가는 2022~2023년 기준) 2021년에 20평대 신혼집을 턴키로 평당 350만 원에 인테리어한 경험을 통해 이 시장의 대략적인 비용 구조를 알고 있었기에 처음엔 3000만 원의 예산이 불가능하다고 생각했다.

이처럼 셀프 인테리어를 할 때 예산이 문제라면 가장 먼저 해야 할 일은 바로 인터넷을 뒤져보는 것이다. 비슷한 예산으로 집 전체를 개조한 수준의 시공을 마무리한 사례가 있는지 찾아봤지만, 결론적으로는 찾기 쉽지 않았다. 최근 한두 해 사이에 인건비와 자재비가 치솟기도 했고, 특히 서울에서의 시공비는 지방의 평균 시공비를 훌쩍 웃돈다. 처음 도전하는 셀프 인테리어라도 예산을 준수하려면 시행착오를 최대한 줄여야 한다. 불필요한 공정을 가능한 한 줄이고 간소하게 공사 계획을 짜되,

기능과 디자인 모두를 포기하지 않으려면 어떻게 해야 할까?

일단 첫 번째로 도움을 구할 수 있는 사람이 있다면 누구에게든 조언을 구하는 것이 좋다. 필자의 경우 반년 전쯤 셀프 인테리어를 성공적으로 마친 지인이 있어 준비 과정을 공유해 달라고 부탁했고, 실제 시공 과정에서도 많은 도움이 되었다. 직접 커뮤니케이션할 수 있는 만큼 가장 실질적인 도움을 얻을 수 있다.

두 번째는 네이버 카페를 찾아보는 것이다. 그중 셀프 인테리어 관련 정보나 후기가 가장 많은 곳이 '셀인'과 '인기통'이므로 이 둘을 중심으로 참고한다. 이곳에 가입하면 아마추어부터 프로까지 수많은 시공 사례와 날것의 정보를 그대로 구할 수 있다. 전반적으로 가장 많은 도움이 되는 채널이다.

단, 카페에는 정보의 양이 엄청나게 많으므로 참고할 사례를 잘 고르는 것이 중요하다. 같은 문제라도 시공법이나 해결법이 제각기 다르다. 따라서 셀프 인테리어를 처음 시도하는 일반인이 옳은 정보와 틀린 정보를 구분하기는 쉽지 않다. 이때는 자신의 현장 상황에 적합한 검색어를 잘 활용하면 도움이 된다.

예를 들어 이번 시공의 경우 '구축 아파트 인테리어' '40년 구축' '서울 30평 구축' 같은 키워드로 검색하면 비슷한 여건의 사례와 후기가 나온다. 이런 후기에서 구축의 특성과 인테리어 과정에서 생길 수 있는 문제들, 경험자의 꿀팁 등을 비교적 쉽게 얻을 수 있다.

10년 이상 누적된 모든 인테리어 수기와 질의응답 글에는 생각할 수 있는 모든 문제에 대한 답변이 담겨 있다. 셀프 인테리어가 두려움과 미지의 영역인 것은 개별 집의 내부 구조와 특성, 그에 따른 문제점이 주택 수만큼이나 다양하기 때문이다. 그러나 카페의 정보를 잘 참고한다면 해결하지 못할 의문은 사실상 없다.

세 번째로 유튜브 역시 큰 도움이 된다. 예를 들면 타일 공정에 들어가기 전 유튜브에서 타일 시공 방식과 팁을 검색하면 수많은 영상이 나온다. 공정마다 십수 명 전문가의 영상을 본다면 인테리어가 끝날 때까지 수백 편의 수업을 들은 셈이 된다. 카페에 올라온 셀프 인테리어 후기의 경우 대부분 초보가 많기 때문에 같은 공정이라도 조금씩 다르게 시공한 경우가 많다. 글을 읽다 보면 오히려 명확해지기보다 혼란스러워질 때도 많다. 이때 유튜브를 통해 전문가들의 의견을 참고한다면 현장에 적합한 정답을 찾을 가능성도 높아진다.

마지막으로, 각 공정 전문가와 접촉해 직접 현장을 보면서 견적을 받거나 전화로 질의응답을 하길 추천한다. 카페 후기를 잘 활용하면 실력이 검증된 기술자들의 연락처를 쉽게 알 수 있다.

초보일수록 현장 상황을 전화로 설명해서 정확한 견적을 받기는 쉽지 않다. 하지만 어렵더라도 돌다리도 두드려보고 건너자는 마음으로 가능한 한 많은 전문가에게 현장 견적을 받으려고 노력하는 것이 좋다. 계약까지 이어지지 않더라도 도움이 되는 조언을 많이 얻을 수 있다.

셀프 인테리어는 내가 모르는 것은 물어보고, 아는 것은 재확인하면서 하자는 마음가짐으로 접근하는 게 좋다고 생각한다. 머리를 많이 맞댈수록 최적의 선택지에 도달할 수 있다.

셀프 인테리어 시공을 시작하기 전
구축 아파트 현장

화장실과 다용도실. 화장실은 40년 동안,
보일러실은 18년 동안 수리하지 않은 상태였다.

현관 입구(왼쪽), 작은방과 안방으로
이어지는 복도(오른쪽)

주방(왼쪽)과 거실(오른쪽)

설계 시작하기

인테리어는 수많은 단일 공정의 집합체다. 올 인테리어를 염두에 두고 있다면 최소 10개 이상에서 20여 개에 이르는 공정을 거친다. 우선 실측과 설계를 마친 뒤 시공 계획을 세우고 공정 순서를 조율한다. 그리고 각 공정 기술자와 접촉하고 관리하는 수순으로 대략적인 흐름을 잡을 수 있다.

기본적으로 정형화되어 있는 아파트 인테리어 설계는 주택 설계에 비해 단조롭다. 거실, 주방, 화장실 등 공용 공간과 각 방이 분명하게 구획되어 있기 때문이다. 거실과 주방의 위치를 바꾸거나 주방과 방의 위치를 바꾸는 등 특별한 구조 변경을 생각 중인 것이 아니라면, 집에 대해 가장 잘 알고 있는 사람은 건축주인 자신이다.(주방-거실 구조 변경에 관한 내용은 33쪽 참고)

따라서 인테리어 시공에 본격적으로 돌입하기 전 설계 단계에서의 핵심은 건축주가 스스로 '원하는 집의 모습에 대해 구체적인 청사진을 갖고 있는가'를 자문해 보는 것이다. 어떤 콘셉트로 집의 전체적인 분위기를 잡고 싶은지, 현 상태에서 어떤 기능을 추가하거나 수정하고 싶은지 집주인이 분명히 알고 있어야 한다.

말은 쉬워 보이지만 이 단계에서 굉장히 애를 먹는 사례가 많다. 건축주가 원하는 주택의 모습이 설계 단계 이후에도 자주 바뀌곤 하기 때문이다. 처음에는 집이 팔리지 않으니 팔릴만한 집으로 해달라고 했다가, 전세를 높여 받고 싶으니 전세가 잘 나가는 임대용 주택으로 해달라고

평면도(현황)

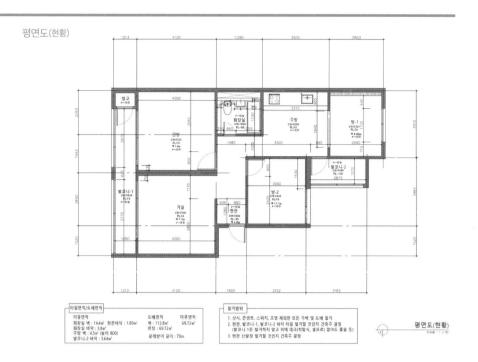

타일면적/도배면적		도배면적	마루면적
타일면적		벽 : 112.8㎡	69.72㎡
화장실 벽 : 14.4㎡	현관바닥 : 1.89㎡	천장 : 69.72㎡	
화장실 바닥 : 3.8㎡			
주방 벽 : 4.5㎡ (높이 800)		걸레받이 길이 : 70m	
발코니-2 바닥 : 3.64㎡			

철거범위

1. 샷시, 콘센트, 스위치, 조명 제외한 모든 가벽 및 도배 철거
2. 현관, 발코니-1, 발코니-2 바닥 타일 철거할 것인지 건축주 결정
   (발코니-1은 철거하지 말고 위에 데크(적토리, 셀프로) 깔아도 좋을 듯)
3. 현관 신발장 철거할 것인지 건축주 결정

평면도(현황)
SCALE : 1 / 60

평면도(계획)

평면도(계획)
SCALE : 1 / 60

CHAPTER 1 계획하기

17

주문했다가, 나중에는 부모님이 들어와 사실 집으로 해달라고 주문하는 식이다.

매도용 집, 임대용 집, 실거주용 집을 설계하는 것은 디자인이나 예산 책정 면에서 현실적인 차이가 크다. 예컨대 임대용 집은 과도하게 비싼 자재를 쓰지 않아도 저예산으로 깔끔하게 시공하면 된다. 매도용 집은 그 동네에 주로 어떤 세대, 어떤 일을 하는 사람들이 모여들어 사는지 관찰하고 이들의 보편적인 취향에 맞는 방향으로 설계해야 한다. 실거주용 집은 실제 거주할 사람에게 필요한 기능과 취향을 충분히 담아낼 수 있어야 한다.

당신은 왜 인테리어를 하려고 하는가? 가족이 오랫동안 함께 살 집을 직영으로 시공할 계획인가? 3~4년 살다가 주변 집 대비 높은 가격을 받고 다른 동네로 이사 갈 계획인가? 계획이 분명할수록 좋다. 만약 실거주용 집이라면 우리 집 가구와 가전은 주로 어떤 스타일인지 살펴보자. 가족 구성원의 공통적인 취향은 무엇인지 식탁에 둘러앉아 얘기를 나눠 보자.

이런 과정을 통해 '우리 집'에 대한 공통된 콘셉트를 도출하고, 이 콘셉트를 바탕으로 시공이 시작되기 전에 설계도를 확정해야 한다. 그러면 실제 공정에서 부딪치는 시행착오와 불필요한 비용 낭비를 크게 줄일 수 있다. 설계도 예시를 살펴보며 용도와 분위기, 구성과 마감을 숙고해 보자.

철거계획도

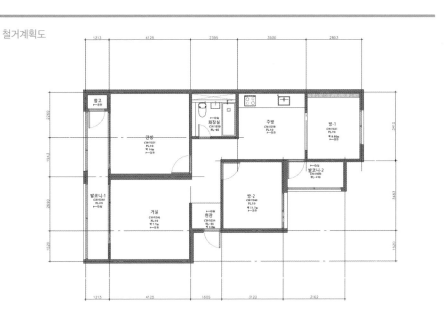

철거계획도
SCALE : 1 / 60

천장도

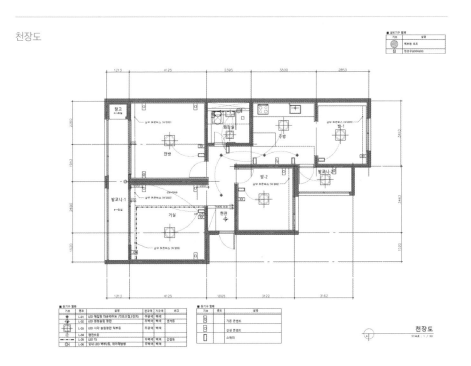

천장도
SCALE : 1 / 60

원하는 집의
모습 그려보기

　　그림으로 그려도 좋고, 글로 써도 좋다. 셀프 인테리어를 통해 집을 어떻게 바꾸면 좋을지, 최종적으로 어떤 모습의 집을 원하는지 가능한 한 구체적으로 묘사해 보자.

**'오늘의집'
3D 인테리어
활용하기**

인테리어 플랫폼 '오늘의집'에서 누구나 간단하게 3D 모델링으로 본인의 집을 인테리어할 수 있다. 본격적인 셀프 인테리어를 시작하기 전 참고용도로 활용해 보자.

1. 오늘의집 PC 화면에서 커뮤니티→3D인테리어 메뉴로 들어간다.

2. 새로운 프로젝트를 만든다.

이때 내가 사는 집을 검색하면 대부분 완성된 도면을 사용할 수 있다. 만약 단독주택 등 사이트에서 제공하지 않는 곳에 거주하고 있다면 '도면 직접 그리기'를 통해 편집해 보자. 완성된 도면을 사용하더라도 세부 사이즈를 직접 조절할 수 있다.

3. 2D와 3D를 자유롭게 전환하며 가구와 자재를 배치할 수 있다.

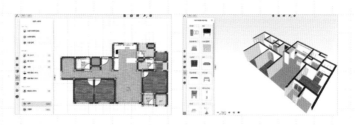

콘셉트 정하기

 인테리어 콘셉트란 공간의 분위기와 디자인의 방향성을 결정하기 위해 일정한 테마를 정하는 것이다. 따라서 흔히 말하는 모던 인테리어, 북유럽 인테리어, 앤티크 인테리어 등의 '콘셉트'는 정해진 디자인 루틴이 있는 것은 아니다. 그보다는 사용자의 편의를 위한 분류라고 보는 것이 더 정확할 것이다. 인테리어 콘셉트 중 하나를 참고해서 내가 지향하는 공간의 윤곽을 만들어간다.

 인테리어 콘셉트는 인테리어 과정에서 천장이나 벽, 바닥의 마감재의 재질과 종류, 가구나 소품 등 수많은 결정을 할 수 있게 도와주고, 공간의 완결성을 향해 나아갈 수 있도록 방향을 잡아주는 역할을 한다. 셀프 인테리어를 할 때도 이 같은 콘셉트를 참고하되, 자유롭게 응용해서 거주자의 개성을 드러내고 편의를 뒷받침하는 공간을 설계해 보자.

북유럽 인테리어

스칸디나비안 인테리어라고도 불린다. 주로 노르웨이, 스웨덴, 핀란드 등 스칸디나비안 국가들의 주택에서 흔한 요소들을 차용한 스타일링이다. 북유럽 인테리어의 대표적인 키워드는 '실용주의'와 '미니멀리즘'이다. 그 외에도 춥고 어두운 겨울에 대비되게 집안을 밝고 아늑한 분위기로 만드는 것이 특징이다. 따라서 자작나무 등 북유럽에서 흔한 밝은 톤의 목재가 마감재로 활용되며, 가죽과 패브릭 등이 포인트 소품으로 활용된다. 조명 역시 직부등보다는 간접등과 곳곳의 테이블 조명 등을 주로 활용한다. 전체적으로 따뜻하고 편안한 분위기를 자아낸다.

모던 인테리어

모더니즘 사조에서 아이디어를 차용한 인테리어
스타일링으로 현대적이고 간결한 느낌을 주는
스타일링이다. 많은 색을 사용하기보다 화이트,
그레이, 블랙으로 대표되는 무채색을 베이스로 하며
특정 위치나 소재에 포인트 색상을 넣는 방식이다.
주로 사용하는 컬러에 따라 화이트 인테리어, 그레이
인테리어, 블랙 인테리어로 구분하기도 한다. 디자인
역시 불필요한 요소들을 배제한 기능 중심으로
이루어지며, 인테리어를 이루는 소재들의 질감을
강조한다. 전체적으로 차가운 분위기를 자아내는
금속과 타일, 석재, 가죽 등을 주로 활용한다.

내추럴 인테리어

목재를 비롯해 흙이나 벽돌, 식물 등 자연에서
유래한 소재로 자연주의적인 스타일링을
지향한다. 평화롭고 고즈넉한 분위기가 강조되며
색깔 역시 원색보다는 자연물에서 흔한 색채를
주로 차용한다. 식물을 인테리어로 활용하기도
한다. 인공적 요소는 가급적 지양하며 자연스럽고
편안한 느낌을 주는 인테리어를 추구한다.
주요 소재로는 호두나무나 단풍나무 등의 원목,
실크와 린넨 등의 섬유를 사용한다. 또한 빛을
중시하므로 창문이나 거울 등을 적극적으로
활용해 자연 채광을 설계할 수도 있다.

앤티크 인테리어

앤티크(antique)는 '구식', '골동품'을 뜻하는 말로 유럽풍의
주택과 고가구 등에서 고풍스러운 분위기와 화려한 장식
요소를 차용한 실내 디자인 콘셉트다. 톤 다운된 목재와
가죽, 대리석 등의 소재가 마감재로 쓰이며 전체적으로
중후하고 고전적인 분위기를 자아낸다. 현대적인
인테리어와는 완전히 다른 느낌을 줄 수 있어 서재 등
부분적인 공간 인테리어로도 애용된다. 앤티크와 관련 있는
다른 인테리어 콘셉트로는 빈티지 인테리어, 레트로
인테리어 등이 있다.

인더스트리얼 인테리어

한때 부흥했던 산업이 쇠퇴하면서 버려진
공장 등의 건물을 주거공간이나 상업공간으로
활용하기 위해 출발한 디자인 콘셉트다. 현재도
공장이나 산업 현장의 느낌이 강조된다.
이에 따라 콘크리트나 배관, 벽돌, 낡은 철재, 파이프
등 외장재로 주로 쓰이는 요소들을 일부러 내부에
노출시키거나 실내 마감재로 활용해 투박한 느낌을
극대화한다. 거친 느낌과 날것을 그대로 드러내는
디자인이며 빈티지나 레트로 디자인과도 곧잘
믹스매치된다. 독특한 공간을 원하는 사람에게
추천되며, 일반적으로는 주거공간보다
상업공간에서 자주 볼 수 있는 인테리어 형태다.

로맨틱 인테리어

18~19세기 유럽 지역 낭만주의 사조에서 기원한 스타일로,
아기자기하고 장식적인 분위기를 자아내는 실내 디자인이다.
우드, 금속, 석재 등을 가리지 않고 사용하며 화려하고 따뜻한
분위기를 지향한다. 핑크, 연보라, 크림색을 비롯해 밝은 파스텔
톤의 컬러가 자주 차용되며 벨벳, 레이스, 실크 등의 패브릭이
가구나 소품에 활용된다. 조명도 샹들리에나 램프와 같이 반짝임과
화려함을 강조하는 것을 주로 사용한다. 앤티크 인테리어와
마찬가지로 포인트 공간을 디자인할 때 차용되는 경우가 많다.

이러한 인테리어 콘셉트 중 꼭 한 가지만 활용하라는 법은 없다. 인테리어 콘셉트는 한 공간에서 공통된 분위기를 만들어주는 주제일 뿐이다. 북유럽+모던, 내추럴+앤티크, 모던+인더스트리얼 등 콘셉트를 혼합해서 내 취향에 가장 잘 맞는 인테리어 콘셉트를 구상해 보자.

혼합 인테리어의 예

**원하는 인테리어
콘셉트 구상하기**

그림이나 글로 자신이 원하는 집의 분위기와 그에 맞는 인테리어 콘셉트를 가능한 한 사실적으로 묘사해 보자. 이때 자재에 관해서도 함께 고려하면 나중에 도움이 된다. 콘셉트 구상이 치밀하고 자세할수록 완성도 높은 인테리어를 구현할 가능성도 높아진다.

공간 기능 정하기

앞으로 거주하고 싶은 주거 공간에 대한 콘셉트 이미지가 정해졌다면 기능적인 부분들을 결정하는 단계로 넘어간다. 이 단계는 건축주의 생활 습관 및 패턴과 밀접한 관계가 있기 때문에 좀 더 세심한 맞춤형 디자인이 필요한 단계다. 여기서는 과거에 필자의 신혼집을 디자인하면서 고민했던 과정을 사례로 들어보려고 한다.

당시 우리가 구현하고자 했던 주거 공간은, 콘셉트 면에서는 '모던하고 미니멀한 집'이었다. 기능적인 측면에서는 우선 생필품 재고를 넉넉히 쌓아두는 것을 좋아했기 때문에 1)주방과 팬트리 수납이 넉넉했으면 좋겠다고 생각을 했고, 요리를 좋아했기 때문에 2)더 넓은 부엌 공간을 계획했다. 또한 책벌레였던 우리 부부는 거실을 주로 독서를 위한 공간으

시공 단계	1. 레이아웃 확정하기
	△ 기존 공간 중에서 공사 과정에서 기능을 변경하거나 재구획할 공간이 있는가?
	△ 신설하거나 없앨 공간이 있는가? (이에 따라 철거해야 할 가벽, 신설해야 할 배관, 전기 등이 결정된다.)
	2. 레이아웃이 확정된 후, 원하는 실내 분위기를 내기 위해 가장 적합한 마감재, 설치 가구의 범위와 디자인을 결정한다.
시공 후 단계	3. 실내 마감과 가장 어울리는 가구와 소품, 패브릭 등을 고르는 단계

로 사용할 예정이었기 때문에 3)텔레비전과 소파로 이뤄진 흔한 거실 디자인을 탈피하고자 했다. 더불어 거실의 가장 큰 특징이 남산타워를 비롯해 서울 전경이 내려다보인다는 점이었기 때문에 4)조망의 이점을 가장 잘 살릴 수 있는 구조 디자인과 가구 배치를 고민하고 있었다.

디자인은 시공 단계에서 각 공정의 공사를 통해 구현되는 것과 시공 후 단계에서 가구나 소품 배치 등을 통해 구현되는 것으로 나눠볼 수 있다. 우선, 전체적인 공간의 구획은 시공 과정에서 목공 공사를 통해 구현된다. 내가 살 집의 전체적인 틀을 확정하는 것으로, 가장 먼저 고민해야 할 설계 요소이기도 하다. 레이아웃이 결정된 후에는 설치 가구, 마감재의 종류 등을 차례로 결정한다. 32쪽 하단의 표는 공정의 순서에 따라 부여한 단계이지만, 실제로 인테리어를 할 때는 각 단계를 동시에 진행하면서 디자인을 결정하게 된다.

레이아웃 확정하기

① 기존 공간 기능의 재배치

구조 변경 디자인 가안을 검토할 때 가장 대표적으로 볼 수 있는 것이 주방-거실 구조 변경이다. 실제로 필자가 시공 상담을 받던 당시에 많은 인테리어 턴키 시공 업체가 유행하는 디자인이라면서 권유하기도 했다.

인테리어를 하기 전의 집은 보편적인 59m², 3베이 판상형 아파트 디자인이었지만 부엌이 상대적으로 좁게 디자인된 대신 거실이 넓은 형태였다. 앞서 설명한 대로 부엌을 키우는 것이 주요 목표였기 때문에 처음에는 부엌과 거실의 위치를 바꾸는 것을 고민했다. 이 말은 곧 '물을 쓰는 공간'을 기존의 거실로 옮긴다는 것과 같다.

그러나 전문가들의 조언을 받은 후 아파트와 같은 공동주택에서 주방-거실 구조 변경은 심각한 하자를 초래할 위험이 높다는 사실을 알게 되었다. 이러한 구조 변경이 유행하기도 하니 일단 설계를 검토해 보는 것은 개인의 자유이지만, 공동주택의 기존 설계를 역행하면서까지 하자 위험을 높이는 무리한 구조 변경은 하지 않는 것이 낫다.

대부분의 공동주택에서 주방-거실 구조 변경을 추천하지 않는 구체적인 이유는 많지만, 간단히 요약하면 배수구 위치를 변경하는 것이 어렵기 때문이다. 공동주택은 일반적으로 부엌의 싱크볼 하부에 온수 분배기와 상수관, 배수관이 위치하도록 설계된다. '물 쓰는 곳'의 위치를 옮기려면 이 모든 것의 위치를 변경해야 한다.

최근 유행하는 주방-거실 구조 변경은 공용부의 바닥을 들어내는 바닥 철거, 보일러 배관 재시공 등을 포함한 방통 작업까지 감안해서 이설 작업을 해야 한다. 하지만 배수구의 경우 공사 도중에 연장 배관이 너무 길어지게 되면 나중에 슬러지(침전물)가 쌓이거나 역류 등이 발생하는 하자를 일으킬 수 있고, 재공사를 할 때도 상당한 비용이 든다.

결국 상수도와 하수도 위치가 정해져 있는 공동주택 리모델링을 계획하고 있다면 공사 후에도 두고두고 문제를 일으킬 여지가 있는 무리한 구조 변경은 섣불리 진행하지 않는 편이 낫다. 물론 싱크대 위치를 바로 옆으로 옮긴다든가 하는 간단한 이설 작업은 이에 해당하지 않는다.

그러나 이렇게 위험하고 어려운 주방-거실 구조 변경을 아무렇지 않게 권유하는 업체도 있는가 하면, 내력벽 일부에 구멍을 뚫고 배관을 통과시키자는 디자인을 제안하는 업체도 있다. 이름이 알려지고 시공 경험이 풍부한 업체들의 파격적인 디자인 제안이라고 해서 무비판적으로 반영해서는 안 되는 이유다.

② 가벽 철거와 신설을 통한 새로운 공간 구획

필자는 주택을 디자인할 때 확장형 거실과 침실을 가로막는 비내력벽 일부를 철거했다. 다용도실에 화단을 들일 계획이라 거실에서도 화초가 보이도록 하고 싶었고, 통창을 통한 추가적인 채광 효과도 얻고 싶었기 때문이다.

셀프 인테리어 과정에서도 디자인상의 이유로 벽 철거를 고민하는 시점이 오곤 한다. 이때 철거를 고려 중인 벽이 내력벽인지 철거가 가능한 조적벽인지를 먼저 구분해야 한다. 내력벽은 건축물에서 구조물의 하중을 지지하도록 만든 벽을 의미한다. 철거를 하게 되면 구조적으로 위험한 경우가 생길 수 있어 철거는 물론 시공 과정에서 손상되지 않도록 신경써야 한다. 우리가 상담을 받았던 턴키 업체 가운데서는 디자인 선택지를 넓히기 위해 내력벽에 살짝 구멍을 뚫어도 된다든가 하는 등의 제안을 해온 업체도 있었는데(꽤 유명한 업체였다.) 내력벽은 절대 건드리면 안 된다.

비내력벽은 내력벽과는 달리 구조를 지탱하는 기능과는 상관없이 구역을 나누기 위해 세운 벽체다. 비내력벽은 철거할 수 있지만, 그렇다

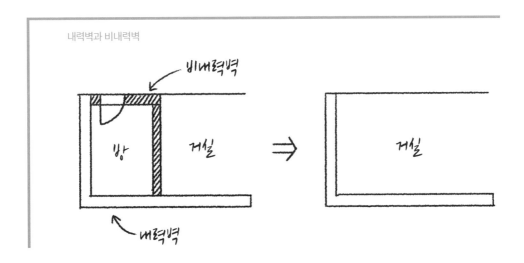

내력벽과 비내력벽

고 무턱대고 철거해서는 안 된다. 반드시 아파트 관리사무소와 지자체 등에 철거 여부를 크로스체크한 후 허가를 받고 철거해야 한다. 이 절차를 지키지 않고 철거했다가 발각되면 벌금과 원상 복구 등의 의무를 질 수 있다.

요즘에는 아파트 외창 등의 새시(샤시)를 교체하면서 '통창 조망'을 위해 외창 난간 철거를 고려하는 경우가 많은데, 이 역시 아파트 관리사무소와 지자체 등에 철거 가능 여부를 확인해야 한다.

마감재 및 설치 가구 결정

시공 단계에서 또 하나 고려할 부분은 수납 등을 책임질 가구를 얼마만큼 제작해 설치할지다. 가구 제작 및 설치는 매우 신중하게 결정해야 하는 디자인 부분인데, 한마디로 '과유불급'으로 정리할 수 있겠다.

가구는 일단 설치하고 나면 상당한 공간을 차지할 뿐더러 붙박이가 되므로 위치 변경이 어렵다. 하지만 목공이 들어올 때 적절한 공간에 제작을 부탁할 수 있다면, 발품을 팔아 어울리는 가구를 구매하지 않더라도 내가 의도한 주거 인테리어와 일관성 있는 디자인의 가구를 설치할 수 있다.

우리 집의 경우, 최종 제작을 의뢰한 가구는 부엌의 아일랜드 식탁 겸 수납장과 다용도실 팬트리, 작은방의 붙박이 옷장 정도다. 설계 단계에서 인테리어에 어울리는 붙박이식 침대 프레임 겸 수납장, 헤드보드 제작 등을 고려했으나 추후 가구 재배치 등을 통한 디자인 변경이 어려워질 것을 고려해 모두 철회했다.

실제로 제작해 설치한 가구 가운데 우리 집의 의도를 가장 잘 보여주는 가구는 아일랜드 식탁이다. 필자는 요리를 좋아해서 주방 공간도 원래보다는 커지길 원했다. 그래서 불필요한 붙박이장을 모두 철거하고 커다란 아일랜드를 설계해 함께 요리하고 식사할 수 있는 대면 공간을 만들었다. 지금은 가족들이 저녁 식사를 함께하는 공간이고, 낮에는 재택 근무를 하는 책상의 역할을 하는 동시에 부엌의 메인 수납장 역할도 하고 있다. 필자가 키가 커서 하이 체어에 즐겨 앉기 때문에 아일랜드 식탁과 주방 싱크대 높이를 일반적인 수준보다 조금 높은 90cm로 재조정했다.

마감재는 바닥의 경우 따뜻한 분위기를 자아내는 원목 자재로 계획했고, 도장 벽체 색상 역시 차가운 화이트보다는 따뜻한 계통의 화이트를 선택했다. 들이고 싶은 가구가 차가운 느낌의 크롬 및 철제 가구였고 색상도 어두웠기 때문에, 바탕이 될 바닥과 벽 마감은 전체적으로 밝고 따뜻한 느낌이 잘 어울린다.

가구와 소품 배치

시공이 모두 끝난 후에는 가구와 소품 배치로 인테리어 디자인을 완성한다. 시공이 완료된 후에 어떤 가구와 소품을 구매할지 생각해도 되지만, 시공 전 설계 단계에서부터 어떤 소품으로 집을 꾸밀지를 생각해 본다면 주거 디자인의 완결성을 높이는 데 도움이 된다.

욕실과 주방 설계하기

욕실 설계

공동주택 욕실은 두어 평 남짓으로 크지는 않지만, 어쩌면 주거 공간에서 가장 중요한 역할을 담당하고 있는 공간이다. 아주 오래전에 지어진 주택이 아니라면 중소형 평수 공동주택에서의 욕실은 일반적으로 두 개인데 보통 공용 욕실과 침실에 딸린 부부 욕실(개인 욕실)로 나뉜다. 공간의 제약에도 불구하고 필요한 요소를 모두 넣다 보니 샤워 부스나 세면대, 변기 등의 요소가 들어간 단출한 구조가 대부분이다.

그럼에도 불구하고 리모델링을 할 때 욕실은 사용자의 생활 습관과 취향을 충분히 반영해야 한다. 디자인은 얼마든지 창의적으로 할 수 있겠지만 셀프 인테리어에서 욕실을 설계할 때 주로 고려하는 지점을 모아 보면 아래와 같이 요약할 수 있다.

- 습식 욕실로 계획할 것인가 건식 욕실로 계획할 것인가
- 욕조를 둘 것인가 샤워 부스를 둘 것인가
- 조적 선반 혹은 조적벽, 파티션 유무
- 세면대 및 변기 디자인(긴다리, 벽부형, 세면장, 조적, 스탠딩, 언더카운터 등)
- 가구장 및 선반, 조명 등의 위치
- 도기류의 배치, 수전 및 배수구 간격

욕실 셀프 인테리어를 시도할 때 가장 실수하기 쉬운 것이 의외로 수전과 배수구 간격을 결정하는 부분이다. 보통은 도기류를 모두 새로 구매해서 배치하게 되는데, 이 과정에서 새로 구매한 도기류의 크기를 고려하지 않으면 너무 좁은 공간에 큰 도기류를 꽉꽉 채워 넣는 상황이 일어나거나 도기 사이의 간격이 어색하게 배치되기 십상이다.

우선 샤워 부스는 바닥 공간 너비를 최소한 850mm 정도 확보하는 것이 좋다. 욕조를 넣는다면 시판되는 욕조의 사이즈(750mm부터 다양)에 맞게 설계해서 자리를 확보하면 되지만, 샤워 부스가 들어간다면 샤워를 위한 공간으로 900mm 정도의 간격은 잡아두는 것이 좋다.

우리 현장의 경우 40년 전 설계된 화장실의 절대적인 면적이 좁았기 때문에 샤워 부스 너비를 720mm 정도로 줄일 수밖에 없었다. 하지만 이런 특수한 경우를 제외하고 샤워 부스는 최소 800mm 이상, 쾌적하게는 900mm 이상 확보하는 것이 가장 좋다.

샤워 부스를 설계할 때 반드시 신경 써야 하는 것이 수전의 높이다. 사용자의 키에 맞게 조절할 수 있지만 보통 바닥으로부터 850~950mm 정도 되는 곳에 수전을 위치시키면 가장 좋다. 우리 현장처럼 원래 욕조였던 공간을 변경해 샤워 부스를 만들게 되면 수전 높이가 욕조 높이에 맞게 바닥에서 650~700mm 정도 위치에 놓여 있는 경우가 많다. 이 경우 배관 공사를 통해 급수관 높이를 높여준 후 수전을 설치해야 한다. 이를 해결하지 않고 공사를 진행하게 되면 샤워를 할 때마다 사용자가 허리를 숙여 수전을 열고 잠그는 불편한 상황이 발생한다.

세면대의 경우 설치 시 최소로 확보해야 하는 너비는 750mm 정도다. 시판되는 세면기는 사이즈가 제각각이지만 대부분 700~800mm 내외가 가장 많다. 특히 세면대를 좌측이나 우측 벽 쪽에 붙여서 설치하는 경우 수전 중앙에서 벽까지 거리를 최소 400mm 정도 확보해야 사용할 때 불편하지 않다. 우리 현장의 경우는 변기와 세면대, 샤워를 모두 설치하기에 빠듯한 면적이었는데 750mm 너비가 간신히 나왔다. 결국 시판 모델 중 사이즈가 가장 작은 편에 속하는 너비 560mm 세면기를 구매해 설치했고, 변기와 샤워 부스 사이의 간격까지 포함해 770mm 정도를 확보할 수 있었다.

세면대는 다양한 디자인이 있지만 크게 벽 배수형과 바닥 배수형으로 나뉜다. 예전에는 바닥 배수가 많았지만 요즘에는 벽 배수형 세면대가 더 보편적이다. 배수관이 벽에 매립되기 때문에 미관상 깔끔하고 청소도 용이하기 때문이다. 기본 세면대가 바닥 배수형이었다면 인테리어 과정에서 간단한 배관 설비 작업을 통해 벽 배수형 세면대로 바꿔 설치할 수 있다.

변기의 경우는 옆의 간격을 포함해 650mm 정도의 최소 공간을 확보하고 배치하는 것이 좋다. 변기 시트 너비가 보통 400mm 정도이기 때문이다. 변기 위치를 배치할 때 혹시 변기 앞쪽에 문이 있다면 문의 반경도 감안해야 한다. 보통 욕실의 문은 밀어서 여는데, 누군가 밖에서 문을 열었을 때 변기에 누군가 앉아 있더라도 무릎이 걸리지 않을 정도

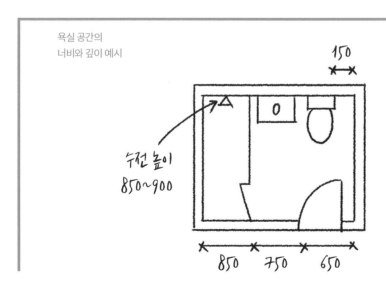

욕실 공간의
너비와 깊이 예시

의 위치에 변기를 배치해야 한다. 일반적으로 양변기 배수관은 벽에서 300mm 정도 떨어진 위치에 있다. 화장실 개별 특성에 따라 편심 등을 써서 양변기 위치를 미세 조정할 수 있다. '계림요업'이나 '대림바스' 등 대표적인 도기 업체들이 운영하는 웹사이트에 들어가면 모델별로 세부 사이즈를 명기해 두고 있다. 이 같은 정보를 활용해 내 욕실 여건에 맞는 사이즈의 도기 모델을 편리하게 구매할 수 있다.

최근 많이 시공하는 욕실 디자인 가운데 하나로 조적벽이 있다. 조적 파티션을 쌓아 샤워 공간을 분리하기도 하고, 세면대와 변기 뒤편으로 조적 선반을 쌓아 배관을 자연스럽게 매립하기도 한다. 혹은 욕조나 세면대 자체를 조적으로 만들기도 한다.

기본적으로 조적 시공은 너무 좁은 공간의 욕실에서는 추천하지 않는 시공 방식이다. 조적 벽돌의 부피감이 상당하기 때문이다. 예컨대 일반적인 사이즈(190×90×57mm) 조적 벽돌을 활용해 길이쌓기 방식으로 파티션을 쌓는다고 가정하면, 타일 두께까지 감안해 칸막이로만 100mm가 훌쩍 넘는 공간을 차지해 버린다. 세면대 뒤쪽에 만드는 조적 젠다이

길이쌓기

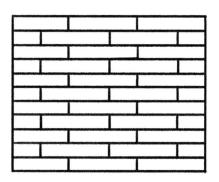

역시 마찬가지로 욕실 공간의 깊이를 감안해서 시공 여부를 결정해야 한다. 때문에 좁은 욕실에는 무리하게 조적 시공을 하는 것보다 유리 파티션이나 인조 대리석 선반 등 부피가 작고 간단한 기물을 활용한 설계도 고려해 볼 법하다.

추가적으로 유의할 부분은 화장실 바닥이 집의 실내 바닥보다 충분히 낮아야 하며, 물 빠짐이 용이하도록 배수구를 향해서는 더욱 낮아져야 한다는 것이다. 보통 기존 타일 위에 덧방을 하는 식으로 욕실 리모델링을 할 경우에는 바닥이나 벽 높이가 추가로 올라온다. 슬리퍼를 놓아 둬도 문을 여닫을 때 슬리퍼가 걸리지 않을 정도로 바닥의 단차를 충분히 둬야 한다.

욕실 천장은 가격을 고려해서 SMC 자재로 천장 시공을 하는 경우가 많은데, 이 경우 도기사에서 함께 구매할 수 있다. 간접 조명 등 조명의 디테일을 넣고 싶을 때는 목공 공정이 들어올 때 목공 천장을 만들도록 주문하면 된다. 다만 목공 천장을 만들 때는 습기에 약한 MDF 소재 사용을 자제하고 습기에 강한 합판과 방수 석고 등을 사용하는 것이 좋다. 그 위에 방수 페인트 등을 여러 겹 도포해서 마감한다. 환풍기를 시공할 때 제습 기능까지 있는 환풍기를 달면 금상첨화다.

그 외 마감재의 경우 타일이나 방수 페인트 등을 사용해 자유롭게 디자인해서 마감하면 된다. 타일이 가장 보편적인데, 수분 흡수율이 높은 도기질 타일은 바닥용으로 쓰지 않는다는 점을 기억해 둬야 한다. 바닥에 사용하는 타일은 너무 미끄럽지 않은 포세린 타일로 주로 시공한다. 바닥은 구배를 잡아야 하기 때문에 벽보다 사이즈가 작은 타일로 공사를 권유하는 업체나 기술자가 많지만 대형 타일을 쓸 수 없는 것은 아니다. 다만 시공 시 숙련도가 필요하기 때문에 반드시 경험이 풍부한 숙련공에게 시공을 맡기는 것이 좋다.

주방 설계

주방을 설계할 때는 가구의 배치를 가장 먼저 고려해야 한다. 절대적인 공간이 넓지 않은 중소형 주택의 경우 주방은 생각보다 수납 공간을 많이 배치해야 하는 곳 중 하나다. 좁은 공간을 얼마나 알뜰하게 활용할 수 있는지가 주방을 디자인할 때 가장 주안점을 둬야 하는 부분이다.

주방은 특히 심미적인 부분과 기능적인 부분을 모두 완벽하게 만족시켜야 하는 공간이다. 미관상 아름다운 디자인만 추구하다가는 주방의 필요한 기능을 충분히 포함하지 못하기 쉽고, 기능적인 부분만을 추구하다가는 굉장히 눈에 거슬리는 주방 배치가 나올 수 있기 때문이다.

가장 신경 써야 할 부분은 주방 가구장 구성이다. 일반적으로 상하부장으로 구성되는 주방 가구는 주방 대부분을 차지하는 만큼 공간의 인상을 좌우하는 아이템인 동시에 조리와 수납의 기능을 충실히 수행한다. 가구장의 위치와 모양은 가장 큰 부피를 차지하는 냉장고와 식탁의 배치를 고려하면서 설계하면 된다.

보통 주방에는 냉장고(1대 또는 2대), 인덕션(가스레인지) 외에도 레인지 후드, 수도분배기, 싱크볼, 식기세척기, 그 외 전기밥솥 등 상시 사용하는 소형 가전 등이 가구장 곳곳에 배분돼 수납된다. 그 외에도 조리대 및 다이닝 공간을 비롯해 접시나 냄비 등을 수납하는 수납장과 팬트리 등의 공간이 필요하다.

우리 현장의 예를 들면 주방의 너비는 약 12m², 즉 3.6평 남짓이었다. 전체 주거 면적을 고려하면 적당한 크기지만, 문제는 주방이 거실과 작은 방을 잇는 중앙 복도의 역할을 하는 특이한 구조였기 때문에 사실상 가구를 배치할 수 없는 공간이 절반 이상이었다. 기존의 싱크 가구는 일자로 배치돼 있었는데 조리 공간으로만 삼기에도 터무니없이 좁았다. 냉장고장(1100mm)을 넣고 나면 2300mm 정도의 길이밖에 남지 않는데, 그나마 4구 가스레인지(600mm)와 싱크볼(900mm)을 배치하면 조리 공간이 거의 나오지 않았기 때문이다. 자연히 수납공간 역시 부족했다.

가구장을 늘리려면 보통 기역 자(ㄱ) 배치나 디귿 자(ㄷ) 배치, 혹은 아일랜드장을 넣어 십일 자(11)로 배치하는 옵션 등을 고려할 수 있다. 여러 디자인 가운데 우리 현장은 아일랜드를 추가해 수납과 조리 공간을 넓히는 디자인을 택했다.

아일랜드 조리대는 리모델링을 할 때 인기가 많은 가구다. 상하부장이 아닌 하부장으로만 구성돼 있어 공간감을 침식하지 않으며 서브 조리 공간이자 다이닝 공간으로서 다용도로 활용되기 때문이다. 보통 대형 평수 주택의 부엌에서 자주 볼 수 있는 디자인이라는 선입견이 있지만, 중소형 주택에서도 적절히 배치된 아일랜드는 톡톡히 제몫을 한다. 너무 작은 크기는 좀스러워 보이고 기능적으로도 그다지 쓸모가 없기 때문에 일정한 크기(대략 가로 1000mm, 세로 800mm) 이상을 확보할 수 있다면 미관과 기능 모두 훌륭한 보조 조리대 겸 식탁의 역할을 수행한다.

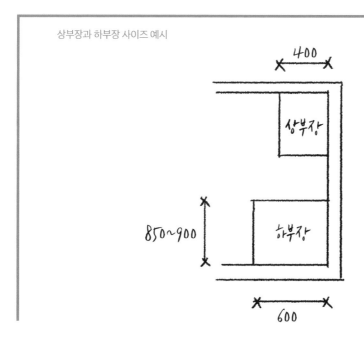

상부장과 하부장 사이즈 예시

아일랜드의 가장 큰 장점은 보조 식탁처럼 활용하는 동시에 하부 공간에 꽤 넉넉한 수납 공간을 확보할 수 있다는 것이다. 일정 너비 이상의 깊이만 확보하면 애매하게 상하부장을 짜 넣은 것보다 훨씬 많은 부피의 물건들이 수납된다. 수납 기능은 충실하게 수행하면서도 식탁 위로는 아무것도 없기 때문에 주방 공간이 탁 트이고 넓어 보인다.

주방에서 사용하는 물품이 다양하고 많은데 깔끔하게 정리해 두고 싶다면 아일랜드장이 매우 적합하다. 그 비결은 바로 모든 집기와 식료품 등을 수납하는 아일랜드 하부장에 있다. 아일랜드 위로 적당한 포인트 등을 달면 주방 분위기의 특색도 살릴 수 있다.

주방 상부장을 구성할 때는 후드의 위치를 잘 살펴야 한다. 보통 조리할 때 나오는 연기를 빨아들이는 후드 위치는 통풍구를 기준으로 크게 옮기지 않는 것이 좋다. 천장을 뜯는 올 철거 인테리어라고 하더라도 그렇고, 천장을 그대로 두고 인테리어를 할 때도 후드 위치를 옮기려고 하

아일랜드 사이즈 예시

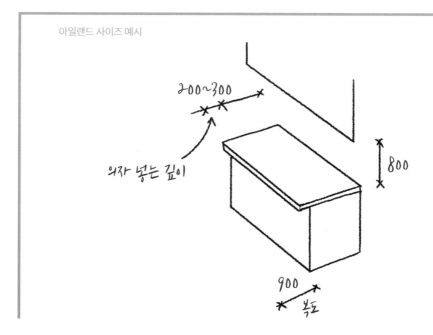

면 후드가 상부장 공간을 따라 이동해야 하기 때문에 이동 거리가 길수록 못 쓰는 상부장 공간이 늘어나게 된다. 가스레인지(레인지 후드) 자리, 싱크볼 자리, 냉장고 자리 등을 먼저 지정하고 남은 공간에 서랍과 여닫이 등 필요에 따라 적절한 가구장을 짜 넣으면 된다.

이때 신경 써야 할 것이 가구장의 너비와 깊이다. 정면에서 봤을 때 상부장은 문 한 짝을 기준으로 보통 450mm 정도의 폭이 나오고, 하부장 문짝의 경우 600mm~900mm까지 다양하다. 이 문짝 너비를 상부장과 하부장에서 각각 통일할 수 있다면 미관상 편안해진다. 예를 들어 일자 싱크대의 하부장 길이가 총 2100mm라면, 가로 600mm 여닫이 문짝 2개와 900mm 서랍을 배치하는 대신 700mm 문짝 2개와 700mm 서랍 하나를 짜넣을 수 있다. 전문업체에 의뢰해 가구장을 구성한다면 주방 사이즈에 맞게 450과 600, 800, 900 등 다양한 너비의 하부장 가구를 혼합해서 배치해 준다. 이렇게 제각각인 모듈 너비를 일정하게 맞추는 것만으로도 깔끔한 주방 가구 레이아웃을 구성할 수 있다. 물론 이렇게 되

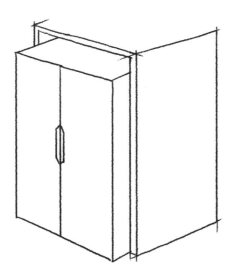

냉장고가 냉장고장에서
튀어나오는 '냉툭튀'

려면 맞춤 가구로 주문해야 하고 그만큼 가격대가 올라간다. 이 정도까지 가격 부담을 하고 싶지 않다면, 주방 업체가 제시하는 기성 모듈 사이즈 내에서라도 최대한 비슷한 사이즈로 가구장을 구성해 보자.

다음으로 주방 가구장을 구성할 때 신경 쓰면 좋은 것이 바로 '냉툭튀' 문제다. 보통 시중에 파는 냉장고는 깊이가 조리대의 깊이보다 더 깊은 경우가 많다. 이를 고려하지 않고 냉장고가 들어갈 너비만 고려해서 가구장을 짜고 나면 막상 냉장고를 넣었을 때 옆에서 보면 냉장고만 툭 튀어 나와 눈에 밟히게 된다. 조리대 깊이를 냉장고에 맞춰 살짝 조정해도 되지만, 최근에는 '냉툭튀'를 방지하기 위해 조리대 깊이에 맞춰서 나온 냉장고 모델이 많으니 리모델링을 하면서 냉장고를 교체할 계획이라면 참고할 수 있겠다.

주방 디자인이 완료됐다면 시공 순서를 미리 조율해 두는 것도 중요하다. 보통 공정이 전기-타일-마루-주방 가구-전기(조명) 등으로 이어지기 때문에 필요한 전선을 미리 빼두고, 타일 위치를 잡고 마루까지 시공한 후 주방 가구를 맨 마지막에 설치하면 된다.

천장 및 조명 설계

공동주택을 인테리어할 때는 채택할 수 있는 천장 설계의 폭이 좁다. 일반적으로는 목공으로 단천장, 평천장, 우물천장 등의 디자인을 만드는데 간혹 노출 천장을 계획하기도 한다. 욕실 등 습식 공간에서는 목공 천장을 하기도 하지만 가성비가 좋은 SMC 돔 천장도 많이 사용한다.

평천장은 가장 일반적인 형태의 천장으로 단 처리를 하지 않은 평평한 천장을 의미한다. 보통 매립 직부등을 달거나 커튼 박스를 만들어 간접 조명을 함께 설치하기도 한다. 가장 간결한 디자인이며 공간이 한층 넓어 보이는 효과가 있다,

다양한 천장의 형태

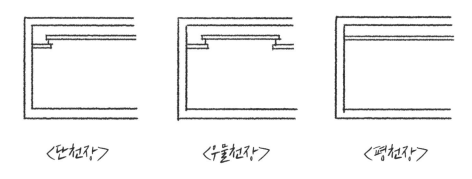

<단천장>   <우물천장>   <평천장>

커튼 박스

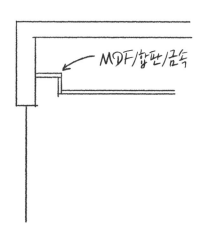

MDF/합판/금속

우물천장의 간접 조명 설치

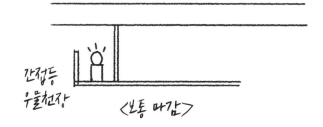

간접등
우물천장   <보통 마감>

단천장은 천장 일부에 단을 내리는 시공이다. 우물천장도 단천장의 일종이다. 일반적으로 최소한 200mm 이상 천장 공간이 필요한 시스템 에어컨 부분에 단을 내리며 단에는 간접 조명을 설치하기도 한다. 간접 조명과 에어컨 등을 설치하면서도 층고를 최대한 높일 수 있는 장점이 있다. 단, 단천장은 마무리가 매우 중요하다.

우물천장도 한때 많이 유행했던 디자인이자 여전히 많은 사람이 선호하는 천장 형태로 중앙 부분이 우물처럼 파인 구조다. 라인 조명이나 간접 조명을 단 사이에 설치해서 공간 전체에 빛이 반사되는 효과를 볼 수 있다. 직부등과 간접 조명을 혼합해서 설치할 수 있으며 최근에는 실링팬과 혼합해서 설치하는 집도 많아지고 있다. 중앙 천장을 높일 수 있기 때문에 천장 공간을 더 알뜰하게 사용할 수 있다.

노출 천장은 공동주택의 낮은 천장을 극복하기 위한 디자인 아이디어다. 천장만 걷어내도 30~50mm 정도의 추가 공간을 확보할 수 있기 때문이다. 콘크리트 마감을 포함해 에어컨 배관이나 전선, 에어 덕트 등을 자연스럽게 노출해서 빈티지하고 인더스트리얼한 분위기를 자아낸다. 하지만 층간소음에 취약한 공동주택의 특성상 노출 천장은 단점이 매우 명확하다. 흡음재를 추가로 붙이거나 하는 노력이 필요하다.

욕실과 같은 습식 공간에는 방수 석고보드 등의 재료로 목공 천장을 만들기도 하지만, SMC(열경화성수지)를 천장재로 사용하기도 한다. 이 천장재는 플라스틱과 유리섬유의 합성 수지로 가볍고 내습성이 강하며 저렴해서 공공 수영장과 사우나, 욕실 등에 많이 설치된다. 그러나 용융점이 낮은 가연성 자재이기 때문에 화재 위험도가 높다는 단점이 있다.

최근에는 이노솔이나 바리솔과 같은 PVC 원단으로 천장 마감을 하는 욕실도 늘고 있다. 조명과 함께 시공하면 천의 질감이 드러나면서 특유의 분위기를 자아내므로 고급 인테리어에서 애용된다. 자재비와 시공비가 비싸고 유지 보수가 어렵다는 단점이 있다.

욕실 · 주방
셀프 모델링하기

앞서 설명했던 고려해야 할 지점(38쪽 참고)을 주의하면서 욕실과 주방 구조를 구상해 보자. 욕실과 주방은 일상의 활동이 매일매일 이루어지는 곳이므로 가구원의 동선, 특히 자재와 가구의 사이즈 조절에 신경 쓰면서 설계해야 한다.

설계 확정하기 및 실측하기

집을 구성하는 여러 공간 설계에 관한 생각을 마치고 비로소 셀프 인테리어를 하기로 마음먹었다면, 시공 전의 주거 상황은 대부분 그리 좋지 않을 것이다. 앞으로 쭉 예시로 들게 될 우리 현장 역시 사정이 심 각했는데, 가장 큰 문제는 천장과 벽이 전혀 없었다는 것이다. 물론 실제 로 뻥 뚫린 집이라는 뜻은 아니다. 신축 아파트는 콘크리트 내력벽 위에 흔히 '다루끼'라고 불리는 기다란 한치각을 대고, 한치각 위에 석고보드 를 덧대 면을 만든 후 타일이나 도배, 도장 등의 마감재로 마감한다.

반면 1980년대에 건설된 아파트는 이 과정 없이 바로 콘크리트 위에 도배지를 바르고 마감했다. 즉 가벽 공간이 없다는 의미다. 가벽이 없으 면 모든 조명과 스위치 콘센트 전선이 벽 위로 노출된다. 또 내단열재가 들어갈 공간이 없으므로 외기에 곧바로 면한 벽은 시간이 흐르면서 도배 지 위로 곰팡이와 결로 자국이 선명하게 드러난다.

참고로 현장의 설계 목적은 실거주용, 특히 '부모님이 오래 사실 집' 이었다. 따라서 일단 모든 천장과 벽에 목공 작업을 진행해 가벽을 대기 로 결정했다. 가벽과 내력벽 사이에 가장 성능이 뛰어난 단열재를 충진 해서 한겨울에 어르신들이 따뜻하게 살 수 있는 기능적인 집을 만들고자 했다. 마감재 사양 역시 처음보다 상향 조정됐다. 마루는 강마루로, 벽지 는 합지가 아닌 실크 벽지로 확정했다.

거주할 부모님의 실제 동선과 편의를 고려해 콘센트를 확충하고, 조 명 역시 너무 어둡지 않게 방마다 간접등과 직부등을 적절히 혼합해 설계했다. 주방은 기존 일자 주방 대신 커다란 아일랜드를 추가해 별도의 식탁을 놓지 않아도 되도록 설계했다. 대신 주방 바로 옆 방에 문을 달지 않고 공간을 터서 필요에 따라 주방을 더 넓게 활용할 수 있게 설계했다. 욕실은 욕조 대신 샤워기를 달았고, 커다란 슬라이드 장을 추가해서 수납 공간을 넓혔다. 어르신들의 취향을 고려해 베란다와 발코니 공간은 확장하지 않고 외부 공간으로 둬둬 화초를 키우거나 다용도실로 활용할 수 있도록 했다.

설계도를 그릴 때 보통은 캐드(CAD)라는 컴퓨터 설계 도구를 활용한다. 하지만 셀프 인테리어를 할 때 굳이 이런 전문적인 프로그램까지 사용할 필요는 없다. 요즘에는 '오늘의집'과 같이 3D로 내부 가구 배치 등을 할 수 있도록 도와주는 웹사이트나 앱이 많다. 이런 곳들을 활용하면서 직접 디자인을 해도 충분하다. 아니면 직접 그려도 된다. '네이버 부동산'에 아파트를 검색하면 평형별, 타입별로 대략적인 도면이 나온다.

네이버 부동산에서 제공하는 도면을 참고할 수 있지만
세부 사이즈는 반드시 실측해야 한다.

현장 실측을
진행하는 모습

실측 도면

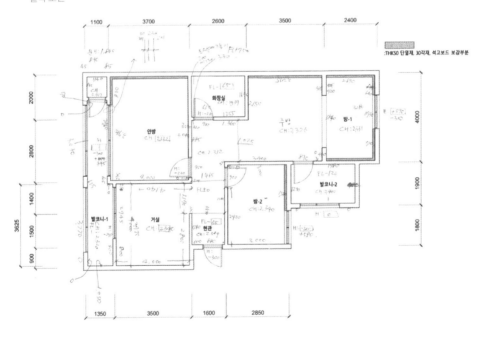

지상1층 평면도(현황)
SCALE : 1 / 100

도면을 내려받아서 크게 확대 출력한 다음 손으로 직접 평면도를 그리며 설계해도 좋다.

이때 설계에 앞서 반드시 선행되어야 하는 것이 바로 실측이다. 앞서 설명한 네이버 부동산 도면에도 아파트 평수별로 실제 크기가 나와 있지만, 안타깝게도 실제 현장과 상이할 때가 많다. 반드시 거실, 주방, 각 방 가로세로, 천장 높이, 문이나 창호 크기 등을 직접 측정해서 도면에 기재해야 한다. 이 실측 사이즈를 바탕으로 앞으로 진행될 공정에 필요한 자재비와 인건비, 공정에 걸리는 시일 등을 추산할 수 있다.

BOX 1

원하는 집의 청사진이란?

필자가 거주하는 집의 인테리어를 할 당시에는 '모던하고 미니멀한 집'을 콘셉트로 잡았다. 있던 가구도 흔히들 '미드센추리 콘셉트'로 불리는 크롬색 철제 가구가 대부분이었고, 인테리어 역시 이런 가구들에 맞는 분위기가 나길 바랐기 때문이다. 주방 공간도 원래보다는 넓고 쾌적하게 쓰길 원했다. 불필요한 붙박이장을 모두 철거하고 커다란 아일랜드를 설계해 함께 요리하고 식사할 수 있는 대면 공간을 만들었다.

다양한 인테리어 사진을 인터넷에서 검색하다 보면 원하는 콘셉트를 확립하기 편하다. 예를 들어 다음과 같은 콘셉트 사진들이 디자인 방향성을 확정하는 데 도움을 준다.

인테리어 콘셉트를 정한 후에는 메인 컬러와 포인트 컬러를 정하고, 주요 자재를 정하면서 콘셉트를 구체화해 나가면 된다.(22쪽 참고)

콘셉트 이미지 모으기

필자는 흰색 도장벽과 따뜻한 원목 마루로 벽과 바닥을 마감한 후 검은색 철제 및 크롬 소재 가구를 적절히 배치했다. 포인트 컬러는 네이비로 정했다. 거실과 안방 등 곳곳에 네이비색 소품과 소가구를 배치해 심심하지 않은 느낌을 주면서도 통일성을 얻고자 했다.

완성된 집

　　모던, 내추럴, 북유럽, 블랙&화이트, 빈티지, 클래식&앤티크 등 갖가지 변용을 시도할 수 있는 다양한 인테리어 콘셉트가 많다. 여러 콘셉트를 살펴본 후 내가 원하는 집의 청사진을 조금씩 그려 나가자.

공사 범위 정하기

설계가 확정되면 자연스럽게 공사 범위가 정해진다. 철거 범위는 어디에서부터 어디까지로 하고, 시공 범위는 어디에서 어디까지로 하며, 어떤 공간에 어떤 공정이 들어와야 하는지를 대략적으로 생각해 보는 과정이다.

올 철거, 올 인테리어를 기본으로 상태가 좋거나 마음에 드는 부분은 남겨 놓으면 효율적이다. 예를 들어 우리 현장의 경우 베란다 바닥 타일 부분과 새시는 철거하지 않고 그대로 남겨두기로 했다. 집 내부에서 가장 좋은 상태로 남아 있는 데다가, 기존 타일이 전체적인 디자인 취지를 해치지 않는 연한 민트 색상이었기 때문이다. 특히 10여 년 전 한 번 교체된 적이 있는 새시는 교체를 결정하는 즉시 2000만 원 정도의 신규 예산 편성이 필요했으므로 교체 대신 내외부 코킹으로 마무리하기로 했다.

실내 바닥은 이중 철거 작업이 필요한 경우도 있다. 철거팀이 와서 1차 작업을 하면 대부분의 커다란 자재는 모두 철거할 수 있다. 하지만 장판으로 마감된 바닥을 뜯어보면 본드 등으로 시공한 오래된 장판이 숨어 있다거나 하는 변수가 발생하는 사례도 많다. 특히 구축에 이런 경우가 많은데, 켜켜이 누적된 개보수의 흔적이다. 이전의 바닥재들은 모두 깨끗이 제거해야 하므로 이때는 마루 전문 철거팀을 추가로 배치해 바닥면을 다듬고 수평을 잡아야 한다.

화장실까지 전체 철거하기로 결정했다면 전기와 배관, 미장과 타일, 방수 같은 습식 공정을 편성한다. 이때 예산을 최대한 아끼고 싶으면 방수 공정을 직접 시공하는 것도 방법이다. 그다음으로 목공과 필름, 도장, 도배, 마루 등의 마감재 공정을 배치하고, 가구와 조명, 도기 공정 후에 코킹으로 마무리한다. 그러나 화장실 타일을 철거하지 않고 일명 '덧방' 으로 공사를 진행하는 경우 미장 방수 같은 습식 공정은 공사 범위에서 제외하고 계획할 수 있다.

같은 예산이라도 공사 범위를 어떻게 정하느냐에 따라 결과물은 180 도 달라질 수 있다. 만약 최소한의 범위만 시공하기로 결정한다면 도배 와 장판 마감, 싱크대 교체, 화장실 덧방 정도만 하고 공사를 마무리해도 된다.

하지만 속으로 곯은 경우, 즉 겉으로만 번지르르한 집보다 난방, 결 로, 곰팡이 걱정 없이 따뜻하고 안전하게 살 수 있는 집다운 집으로 완전 히 탈바꿈해야 할 때는 목공과 단열 작업에 예산을 많이 배정해야 한다. 필자의 현장은 총예산 4000만 원 중 1000만 원 이상을 배정했다.

이처럼 주거의 기능적인 면을 높이는 데 투입되는 일련의 공정들은 결과물이 눈에 곧바로 드러나지 않는다. 그러나 눈에 보이는 디자인뿐만 아니라 앞으로 이 집에 머물 사람들을 생각하면서 공사 계획을 한다면, 인테리어는 단순히 겉치장이 아니라 삶의 질을 끌어올리는 최고의 방법 이 될 것이다.

공정별 시공 계획 짜기

　계획 설계가 확정되면 필요한 공정을 순서별로 정리하고, 일정표를 뽑아 공정을 배정한다. 인테리어 공정은 크게 철거, 설비(전기·배관), 목공, 습식 시공(타일 등), 건식 시공(필름·도장·도배 등), 마루, 가구 등으로 이뤄진다.

　각 공정은 대략적인 순서가 있다. 이 순서를 따라 적정한 완충일을 중간중간 두면서 공정을 배치한다. 그리고 배치한 날짜에 각 공정을 맡은 기술자 또는 협력 업체를 부르면 된다. 보통 공정 순서는 다음과 같은데 상식적이지만 절대적인 것은 아니다. 제시한 순서를 참고하되 현장의 현실을 고려해 유연하게 공사 계획을 짜면 된다.

철거 ⇨ 설비(전기·배관) ⇨ 목공 ⇨ 타일 시공(욕실 공사 포함) ⇨
필름 및 도장 ⇨ 도배 ⇨ 바닥 ⇨ 가구·조명·도기 설치

공정 배치

　가장 먼저 배치해야 하는 공정은 당연히 철거다. 철거는 본격적으로 시공에 들어가기 전 기존 마감재나 골조 등을 모두 떼어내고 집을 하얀 도화지처럼 만드는 작업이다. 필요하다면 오래된 목공 가벽과 단열재는 물론 문틀, 몰딩, 걸레받이, 마루, 벽지, 중문, 도배, 타일 등이 모두 철거 범위에 들어갈 수 있다.

철거는 30평대 아파트 기준으로 하루면 충분히 끝난다. 물론 떼어낼 게 많으면 더 걸릴 수 있다. 철거팀에게 현장 견적을 받거나 사진을 보내 철거 범위와 비용을 미리 합의하고 철거 날짜를 조율하면 된다.

철거 다음에는 보통 전기와 배관 등 설비 공정이 온다. 전기 공정은 보통 목공이 들어가기 전 하루 정도 잡아둬야 한다. 이때 목공 가벽 뒤로 지나가는 전선과 조명선, 스위치 등의 위치를 미리 정한다. 배관은 주로 화장실과 주방, 다용도실 등 물을 사용하는 공간에 필요한 공정이다. 역시 철거 다음에 배치해 수도관이나 에어컨 배관, 에어 덕트 등의 위치를 정해야 한다. 사람의 몸에 비유하면 전기와 배관은 전기나 물을 흘려보내는 혈관과 같은 공정이다. 피부 안쪽으로 흐르는 수만 가닥의 혈관이 우리 눈에는 보이지 않지만 생명과 직결되어 있는 중요한 기관이듯이, 전기와 배관도 똑같다.

그다음은 목공이다. 목공 공정에서는 가벽과 천장, 문틀을 짜 넣는다. 마감재를 붙일 뼈대를 잘 세우는 것이 매우 중요하다. 아무리 비싼 옷도 내가 입는 것과 모델이 입는 것이 다른 이유는 바로 이 '뼈대' 때문이다. 즉 도장과 타일, 도배, 마루 등의 마감재 완성도를 높이려면 목공 단계에서 완벽한 수평과 수직, 평면을 만들어줘야 한다.

마감재 공정에도 대략적인 순서가 있다. 몰딩이나 새시, 문이나 가구 등을 리폼할 때 쓰는 필름 공정이나 도장 공정 등은 도배 전에 들어와야 한다. 예를 들어 기존 창호에 필름을 붙여 리폼하기로 했다면 도배 공정 전에 필름을 붙여둬야 한다. 시공된 필름 위를 도배지가 올라타 마감하는 것이 깔끔하고 내구도도 좋아진다.

마루는 도배와 도장 등 벽 시공이 모두 끝난 다음 들어오는 것이 가장 좋다. 벽 마감재 시공을 하면 바닥에는 페인트와 풀 등 시공 자국이 떨어지기 마련이다. 아무리 꼼꼼하게 보양한다고 해도 완벽하게 차단하기는 쉽지 않다. 걸레받이와 몰딩 등은 보통 마루 기술자가 작업하는 경우가 많은데, 부득이하게 마루를 도배보다 먼저 시공해야 한다면 시공 후 바닥 보양재를 꼼꼼히 붙여두면 된다.

도배와 바닥이 끝나면 조명과 가구, 도기 등이 들어온다. 이때를 전후로 전기 기술자가 하루 더 와서 미리 계획했던 천장이나 벽 자리에 구멍을 뚫고 전선을 꺼내 조명 등을 설치한다. 싱크대, 현관장, 붙박이장 등의 가구는 바닥까지 다 설치하고 나서 마지막에 설치한다.

공기 및 공사 방식 결정

각 공정별로 어느 정도의 공기(공사하는 기간)가 필요한지는 네이버 카페 '인기통' 등 여러 경로로 찾은 기술자들과 간단하게 전화 상담을 해서 견적을 뽑으면 된다. 공기는 현장과 인테리어 계획에 따라 편차가 크기 때문에 기준이 따로 없다.

예를 들면 타일공에게 전화해 화장실 한 칸과 발코니, 다용도실 각각 몇 헤베(제곱미터를 일컫는 건설 업계 은어)를 전체 철거 후 타일 작업, 또는 철거를 생략하고 덧방 작업을 하고 싶은데 몇 품씩 며칠이 필요한지 물어본다. 또 도장공에게 전화해 베란다와 발코니 몇 헤베를 도장하고 싶은데 얼마만큼의 시간이 들고 어떤 자재가 필요한지 묻는 식이다.

같은 시공에 대해 묻더라도 기술자마다 작업 방식이나 팀원 수가 다르기 때문에 각각 다른 공기와 품을 얘기할 수 있다. 어떤 기술자는 너무하다 싶을 정도로 공기를 부풀리기도 하고, 어떤 기술자는 이상하다 싶을 정도로 짧게 말하기도 한다. 어느 정도의 공기가 적당한지 셀프 인테리어를 처음 하는 아마추어가 간파하기는 쉽지 않다. 가장 좋은 방법은 같은 공정에서 가능한 한 여러 기술자에게 연락해 인터뷰를 해보는 것이다. 그 뒤 공기를 지나치게 길거나 짧게 부르는 기술자, 품을 지나치게 많이 부르거나 적게 부르는 기술자를 제외하면 된다.

필자가 기술자를 섭외한 구체적인 방법은 네이버 카페 '셀인'에 올라온 후기 가운데 광고가 아닌 것 같은 글들에서 공통으로 추천하는 분들, 네이버 카페 '인기통'에 프로필을 올린 기술자 가운데 포트폴리오가 괜찮아 보이는 분들을 추려냈다. 가급적 업체보다는 품 단위로 일하는 개별 기술자들을 접촉해서 인건비를 줄이려고 노력했다. 공정당 적어도 세 명 이상의 기술자에게 전화해 인터뷰했다.

각 기술자를 인터뷰할 때는 일을 진행하는 방식과 견적, 어떤 자재를 써서 몇 명이 해결할 것인지를 함께 여쭤보고 메모해 두자. 기술자마다 즐겨 사용하는 자재가 있고, 작업에 소요되는 자재비와 인건비가 모두 다르다. 그들이 제시한 선택지 중에서 우리 현장에 적합한 방식이 무엇인지 판단하려면 건축주 역시 자재나 시공 방식, 비용 등에 대해 기본적인 지식을 갖춰야 한다. 적어도 열댓 개 공정이 있으니 약 일주일 동안 오십여 명의 기술자를 인터뷰하고, 공정 구조를 파악하고, 가장 합리적인 견적을 찾아야 한다.

대략적인 공정 순서를 짰다면 잊지 말아야 할 것은 완충일과 폐기물 반출 계획이다. 특히 공정 중간중간에 폐기물 반출 계획을 잡아둬야 한다. 필자는 폐기물 수거팀을 2회 불렀는데, 목공팀에게 약간의 비용을 주고 반출한 것까지 총 3회 폐기물을 처리하면서 공정을 진행했다.

인건비

품값 역시 경력과 숙련도에 따라 편차가 있다. 목공과 단열, 설비 공정 같은 경우 숙련도는 물론 국적에 따라서도 두 배 이상 차이가 난다. 이렇게 견적 차이가 심한 공정은 적어도 네댓 팀에게 물어서 합리적인 시세를 파악해야 한다. 다른 기술자 대비 지나치게 비싼 견적은 물론, 너무 저렴한 견적을 부르는 기술자도 제외한다.

공정 계획표

현장명:		아파트	동	호

10월

공종	업체	1 토	2 일	3 월	4 화	5 수	6 목	7 금	8 토	9 일	10 월	11 화	12 수
철거공사	○○철거						6						
설비배관/마루철거	○○종합설비							7	85(오전)				
	○○종합마루							7	43(오후)				
미장방수	○○코리아								8				
전기/조명	○○조명전기										10	60	
액방 2차	자체 진행										10	셀프	
목공/문틀/단열/천장												11	12
	문틀 목공팀											단열, 목공,	
도막방수 1·2차	자체 진행												
타일													
도어	○○도어												
도장	○○페인트											베란다	
마루	○○임업												
시트(필름)													
도배공사	○○벽지												
도기													
도어락	건축주 직영												
가구업체	씽크/신발장												
	폐기물												
기타직영	입주청소												
	실리콘												

10/3
○○하드웨어 구매:
몰딩, 코너비드 등 부자재

10/9
○○타일서 타일 구매.
인천 영림몰딩 쇼룸.
타일러 재섭외

10/11
○○가구업체 실측 등

10/14, 10/17
2차, 3차 셀프 도막 방수

10/15
마루 주문, 도배 주문,
○○조명 스위치, 콘센트,
조명 주문.
○○하드웨어 도기, 조명
확정

13	14	15	16	17	18	19	20	21	24	25	26	27	28	29	30	31	1	3	5
목	금	토	일	월	화	수	목	금	월	화	수	목	금	토	일	월	화	목	토
																	1		
																	스위치, 콘센트		
13	14			17															
	화장실 천장, 문틀, 무몰딩 천장					19	20												
			16	17	셀프														
							20	21											
	화장실, 현관, 창고, 발코니2, 주방벽 140																		
13						19	20												
실측발주						설치	설치												
										25									
											26								
													28	29	30				
																	1		
										25									
				17												31	설치		
				실측					24	폐기물								3	2차
																		3	
																			5

비용 계획하기

　　인테리어 비용은 크게 재료비(자재비)와 노무비(인건비)로 나뉜다. 전체 시공에 드는 대략적인 비용을 추산하려면 공사를 공정별로 세분화하고, 각 공정을 자재비, 인건비, 시공비 등으로 나눠 예상 비용을 편성한다. 그러면 전체 견적이 한눈에 들어온다. 큼직한 견적 외에도 운반비와 예비비, 식비 등을 별도로 잡아두면 도움이 된다.

　　68쪽 표는 그 예시다. 처음 '비용' 항목에는 예상 비용이나 견적 받은 내역을 써서 공사에 소요되는 전체적인 비용 구조를 한눈에 파악할 수 있도록 한다. 이후 공정이 진행될 때마다 실제 지출한 비용으로 수정해 나간다.

　　인테리어가 끝난 후 최종 결산을 해보니 원래 계획보다 돈이 많이 든 공정도, 적게 든 공정도 있지만 대개 많이 든 공정이 많았다. 따라서 예비비는 계획 단계에서부터 넉넉히 편성해 두는 것이 빠듯하게 잡아두는 것보다 낫다.

　　실제 공정을 진행하다 보면 원래 견적에서 추가 비용이 발생하는 경우가 많다. 예를 들어 소소한 추가 자재비라든지 운반비(양중비) 등은 계획 단계에서 예측하기 어렵다. 일례로 타일 시공팀이 아침에 현장에 도착해서 준비해 둔 자재를 보더니 드라이픽스(타일 접착제의 일종)가 부족할 것 같다고 했다. 전달받은 양보다 더 넉넉하게 준비해 두었는데도 이런 경우가 생기곤 한다. 이처럼 실제 공정에 들어가면 예상치 못한 자재 부족 등 돌발 상황이 발생한다.

이런 일이 발생하면 어떻게든 드라이픽스를 조달해야 하는 것이 관리자의 역할이다. 타일 자재 업체들이 문을 열 오전 9시가 되자마자 시내 십여 군데 업체에 전화를 돌렸고, 다행히 운반비 4만 원을 지불하면 점심까지 배달해 주겠다는 곳이 있어 드라이픽스를 인도받을 수 있었다. 이 같은 지출은 예상하기 힘들지만, 전체 비용을 통제하는 입장에서는 발생 가능성을 늘 염두에 두고 있어야 한다.

작업을 하러 온 기술자가 현장 상황을 직접 보고는 전화로 합의한 시공비에 웃돈을 얹어 달라고 요구하는 경우도 매우 흔하다. 이 경우는 무작정 달라는 대로 주기보다, 비용이 추가되는 이유를 들어보고 협상을 할 필요가 있다.

필자가 겪은 사례로 미장·방수 공정에서는 기술자가 작업의 완성도를 높이기 위해 직접 가져온 자재 일부를 사용했다. 이 경우 흔쾌히 일부 자재비를 보전해 주었다. 타일 자재 업체에서 양중을 하러 온 기술자도 추가 비용을 요구했는데, 아파트 입구가 엘리베이터에서 내리자마자 있는 것이 아니라 반 층을 내려와야 들어올 수 있는 구조였기 때문에 시간과 노동력이 더 든다는 설명이었다. 양중할 자재 무게가 수백 킬로그램에 달했기 때문에 이 경우에도 웃돈을 드리기로 했다.

목공 공정에서는 원래 목공팀이 시공해 주기로 한 특정 부분을 기술적인 문제로 완성하지 못했다. 이런 경우에는 급하게 다른 목공 기술자를 수소문해서 해당 공정을 마무리해야 한다. 약 100만 원 정도의 추가 인건비 지출이 예상됐다. 필자는 계약 업체에게 이런 상황을 설명하고 계약한 금액에서 일부를 깎아달라고 요구하는 한편, 추가로 현장 폐기물 일부를 비용 없이 반출해 달라고 요구하는 것으로 협의를 마무리했다.

직접 겪은 사례 몇 가지를 나열했는데, 한마디로 정리하면 인테리어 현장에서 실제로 지출되는 비용은 견적 단계에서 계획한 비용과 절대로 100% 동일하게 집행될 수 없다. 공정이 진행될수록 추가로 지출해야 하

안암 현장 인테리어 비용 집행 내역

업체	공정표	세부 공정	비용(만 원)
○○철거	철거	욕실 철거, 폐기물 처리비 포함	150
○○종합마루	마루철거	시공비	43
○○종합설비	배관·설비	시공비와 자재비	85
○○홈	단열 및 목공	단열 자재비 및 인건비, 폐기물처리 비용 포함	420
		목공 자재비 및 인건비	490
○○전기업체	전기	자재 및 시공비	150
○○미장·방수	미장·방수	인건비	35
		자재비(디펜스 시멘트 레미탈)	35
도기 기술자 섭외	도기 등 설치	인건비	25
○○임업	마루 및 걸레받이	시공비(자재비 포함) (환불 차감)	300
○○타일	타일	○○타일 인건비	137
	기타 타일 자재비	자재비 (현관·창고·주방벽·발코니2·타일· 코너비드·부자재)	74
○○욕실자재	바스 타일 자재비	자재비(바스수전 및 도기)	102
○○가구	가구	싱크대, 아일랜드, 신발장	370
○○도어	방·화장실 도어	방2 도어, 화장실 도어 자재 및 시공비(경첩 등 포함)	303
○○필름	현관문 필름 손잡이	자재 및 시공비	75.3
○○벽지	실크, 초배지, 퍼티	전체 도배 자재 및 시공비	320
조명·스위치·콘센트	건축주 직영	다운라이트·라인간접·팬던트·스위치(40구 기준) 자재비	88
폐기물 반출	폐기물 반출	2회 반출비	35
○○페인트	도장	베란다·창고·발코니 수성페인트 도장 자재 및 시공비	74.7
실리콘, 입주청소		실리콘 28, 입주청소 38	66
외부 코킹	건축주 직영		40
감리팀 실행비	잡비 처리	재료 구매 및 운송비, 주차비	87
작업자 식대		소계	47
도어락	건축주 직영		21
합계			3573

는 비용이 생겨난다. 관리자는 변수에 대응하면서, 작업자들과 적절한 소통을 통해 이런 지출을 융통성 있게 관리하고 제어할 수 있어야 한다. 물론 그 과정에서 크고 작은 언쟁이 생길 수도 있다. 셀프 인테리어를 처음 진행하는 입장에서는 이런 소통이 스트레스로 다가올 것이다. 하지만 작업자와 관리자는 결국 해당 현장을 함께 완성해야 한다는 공통의 목표를 갖고 있다. 때로는 능청스럽게, 때로는 양보하는 자세로 대화로 풀어나가다 보면 해결하지 못할 문제는 없다.

시공 계획
세우기

철거할 곳과 철거하지 않을 곳을 나누고 철거공사 계획을 잡는다. 그 뒤는 현장의 상황을 고려해 유연하게 계획을 세운다. 버퍼 데이(완충일)를 배치하는 것을 잊지 말자.

비용 계획 세우기

재료비	노무비

셀프 인테리어 계획 체크리스트

원하는 집의 모습이 구체적으로 그려진 그림이나 설계도가 있는가? ☐
→ CAD 등 따로 전문 설계 프로그램을 쓰지 않더라도 종이에 연필이나 펜으로 손그림을 그려도 좋다. 인테리어의 방향성이 얼마나 확실하고 명확한지가 가장 중요하다.

셀프 인테리어의 목적(실거주용, 매도용, 임대용 등)이 명확한가? ☐
→ 인테리어는 디자인 향상과 기능 개선, 두 가지 토끼를 모두 잡아야 하는 작업이다. 따라서 집이 어떤 방식으로 이용될 것인지 정하는 것은 성공적인 인테리어를 결정하는 핵심 요소다.

꼭 필요한 만큼만 공간을 변경하는가? ☐
→ 예산에 여유가 있다면 큰 고민 없이 턴키 업체에 시공을 맡기면 된다. 셀프 인테리어를 하기로 결정했다면, 시공이 꼭 필요한 부분과 현상 유지할 부분을 구분해서 필요한 곳만 시공하는 것도 비용 면에서 합리적인 결정이 될 수 있다.

공동주택이 제공하는 설계도에 의존하지 않고 직접 실측했는가? ☐
→ 앞에서도 강조했지만, 내부 구조는 반드시 눈으로 확인하고 실측해야 한다. 제공된 설계도와 실제 사이즈가 일치하지 않는 경우도 많다.

인테리어 콘셉트와 톤이 명확한가? ☐
→ 디자인적 가치를 높이고 집의 목적에 부합하는 콘셉트를 정한다. 한 가지 콘셉트만 고집하기보다 여러 콘셉트를 적절히 혼합하는 것을 권장하지만, 그렇다고 해서 일관성 없는 톤이 되지 않도록 주의한다.

가구와 소품을 결정했는가? □

→ 가구와 조명 또는 그 외의 소품 등은 보통 인테리어 시공이 마무리되고 나서 설치하거나 배치를 고려해도 되지만, 계획 단계에서 대략적인 이미지를 정한 후 시공을 진행하길 추천한다. 가구와 소품도 인테리어의 일부다. 방향성이 없다면 진행 과정에서 혼선을 겪기 쉽다.

필요한 공정을 순서대로 배치하고 일정표로 정리했는가? □

→ 셀프 인테리어라고는 하지만, 나 혼자 모든 부분을 시공하는 것이 아니라 여러 작업자와 함께하는 일이기 때문에 일정 관리의 중요성은 몇 번을 강조해도 모자란다. 꼭 일정표를 활용해 날짜를 치밀하게 잡아두자.

공정 사이에 버퍼 데이(완충일)를 두었는가? □

→ 돌발 상황이 발생하지 않는 현장은 없다. 예상치 못한 일이 발생하면 이를 해결할 시간이 있어야 한다. 각 공정의 일정을 하루 정도 여유 있게 배치해서 대처하자.

예비비를 편성했는가? □

→ 현장에서는 언제나 시행착오가 발생하고 예상치 못한 공정이 추가된다. 자연히 계획에 없던 지출도 추가되기 마련이다. 전체 예산의 10~15% 정도 예비비를 편성한 후 시공을 진행하면 당황하지 않고 대응할 수 있다.

CHAPTER 2

시공하기

셀프 인테리어를 할 때
가장 실수하기 쉬운 16가지

1 공정 계획을 짤 때는 중간중간 버퍼 데이(완충일)를 충분히 잡아 두자

공정 계획을 짤 때는 중간중간 아무런 시공 일정이 없는 '버퍼 데이'를 만들어둬야 한다. 실제 시공을 하다 보면 특정 공정이 길어지거나 재시공이 필요한 경우가 종종 발생한다. 또 기술자의 사정으로 공정이 하루이틀 미뤄지는 등 다양한 이유로 원래 세웠던 계획이 지켜지지 않을 수 있다. 이 같은 변수들을 염두에 두고 대응하려면 공정이 비어 있는 날을 미리 확보해 둬야 한다. 버퍼 데이는 특히 목공이나 타일, 도장 등 공기가 길고 핵심적인 공정 전후로 잡아두면 도움이 된다. 116쪽 참고

2 전기 회로를 비롯해 조명·콘센트·스위치 위치를 설계도에 정확히 표시해 두고 시공 지시를 내리자

전기 기술자와 상의해서 조명과 콘센트, 스위치 개수와 각각의 회로를 결정했다면, 조명과 콘센트와 스위치가 실제로 설치될 위치를 정확히 표시하고 지시해야 한다. 예컨대 주방에 다운라이트를 네 개 설치할 계획이라면 각각의 다운라이트는 몇 인치짜리로 하고, 천장의 상하좌우 몇 센티미터 되는 곳에 타공해야 하는지를 설계도에 정확히 표시해야 한다. 스위치와 콘센트도 마찬가지다. 위치를 우선 정확히 명시하고, 실제로 설치할 때도 타공 위치를 잡아주는 것이 좋다. 도배나 도장 공정이 끝난 벽과

천장에 타공을 잘못하게 되면 앞의 공정을 처음부터 다시 반복하는 상황이 벌어질 수 있다. 디테일하게 지시를 내려주지 않으면 기술자 대부분은 '알아서 잘 딱 깔끔하고 센스 있게' 마무리해 주지 않는다. 104쪽 참고

3 영원히 살 집이라고 생각하고 설계하거나 시공하지 말자

리모델링은 비용이 드는 만큼 '새로 단장하는 이곳에서 뼈를 묻겠다'라는 비장한 각오로 임하게 된다. 하지만 자신 또는 가족이 영원히 이 집에 살 것이라는 마음가짐으로 인테리어에 나서진 말자. 언제나 예기치 않은 일이 생겨 이사 계획이 생길 수 있다. 그러면 그때는 우리 가족뿐만 아니라 누가 들어와도 살고 싶은 보편적인 주거 공간의 매력이 있어야 한다. 특이한 장식적 요소에 능력 이상의 지출을 절제하는 것도 필요하다. 떠날 때가 되면 모두 두고 가야 한다는 것을 잊지 말자.

4 유지 보수 가능성을 염두에 두고 시공 방식과 자재를 결정하자

리모델링을 마친 주택은 실제로 생활할 공간이 되어야 하므로 유지 보수 가능성을 염두에 두고 설계와 시공에 임해야 한다. 예컨대 조명 하나를 설치하더라도 고장 났을 때 내가 쉽게 수리할 수 있는지, 대체재를 구할 수 있는지 생각해 보고 설치하는 것이 중요하다. 바리솔이나 이노솔 천장 등은 보기엔 아름답지만, 조명을 교체하거나 전기 점검이 필요할 때는 별도로 기술자를 불러야 하므로 추가 비용이 지출된다.

5 욕실은 건식 사용을 계획하더라도 습식 욕실처럼 방수하자

욕실을 건식으로 사용할 계획이라고 하더라도 시공할 때는 습식 욕

실로 사용할 것처럼 방수를 철저히 해야 한다. 건식 욕실 역시 늘 습기와 맞닿아 있는 공간이라는 것을 반드시 인지해야 한다.

6 여러 기술자에게 크로스체크(교차 검증)를 하자

한 기술자가 제안하는 시공 방식을 무비판적으로 따르지 말자. 기술자마다 시공해 오던 방식이 다를 수 있고, 그것이 꼭 정답이라는 법은 없기 때문이다. 같은 공정을 수행하는 다른 기술자에게도 최대한 다양하게 조언을 구하고 크로스체크해야 한다. 14쪽 참고

7 조리 공간을 충분히 만들자

조리 공간에 친숙하지 않은 사람이 전체적인 레이아웃을 계획할 때 흔히 발생할 수 있는 문제점인데, 실제로 부엌이 제 기능을 충분히 하려면 늘 '생각보다 넓은' 조리 공간과 수납 공간(팬트리 등)이 반드시 필요하다. 부엌은 시공이 끝난 후에는 수정하기가 매우 어려운 공간이기도 하니 처음부터 너무 협소하게 계획하지 않는 것이 좋다.

8 붙박이 가구는 꼭 필요한 만큼만 계획하자

붙박이 가구는 일단 설치하고 나면 거주하면서 제거하거나 수정하기 어렵다. 예컨대 침대 헤드보드를 목공팀에 부탁해 벽에 붙박이로 설치했는데, 살다 보면 침대 위치를 옮길 일이 생길 수 있다. 붙박이장을 방마다 설치했다면 나중에 가구 이동이나 공간을 전체적으로 재배치하고 싶을 때 여의치 않을 수 있다. 36쪽 참고

9 공정 순서를 숙지하고, 공정을 확실히 마친 다음에 다음 공정으로 넘어가자

특히 셀프 인테리어에서는 공정이 끝날 때마다 꼼꼼히 검수를 해야 한다. 큼직한 하자는 당일 발견해서 잔금을 지불하기 전에 재시공을 요구하는 것이 가장 효과적이다. 잔금을 지불하고 나서 며칠이 지난 후에는 반드시 재시공이 필요한 하자를 발견했더라도 해당 공정 기술자에게 명확한 책임을 묻는 것이 쉽지 않고 추후 재시공할 때 추가 비용을 요구하기도 한다. 기술자 입장에서도 늘 다른 일정이 있기 때문에 사소한 하자를 해결하기 위해 마감한 현장을 재방문해 책임 시공하는 것이 결코 쉽지 않은 일이다. 144쪽 참고

10 모든 공정을 셀프로 할 필요는 없다

셀프 인테리어를 한다고 해서 처음부터 끝까지 스스로 해야 한다는 선입견을 가질 필요는 없다. 예컨대 욕실 리모델링에 자신이 없다면 습식 공정만 전문적으로 하는 업체를 찾아 견적을 비교해 보고 외주를 맡길 수 있다. 오히려 직접 하는 것보다 비용이 저렴할 수 있으며 전문가들로 구성된 팀이라면 하자 가능성도 낮다. 단열이나 목공, 가구 등의 공정도 마찬가지다.

11 자재상에 딸린 시공 기술자를 잘 활용하자

각 공정의 기술자를 일일이 직접 부르다 보면 할 일이 너무 많아진다. 이때 자재상에서 소개해 주는 기술자들을 활용하는 것도 방법이다. 예컨대 마루를 구매하면서 그 마루 업체와 계약된 기술자에게 시공을 부탁하고, 타일이나 페인트를 구매하면서 해당 유통업체와 함께 일하는 기

술자를 연결해 달라고 부탁할 수 있다. 이들은 대체로 시공비를 정직하게 받으며 해당 자재를 다뤄본 경험이 풍부하기 때문에 시공 실력 역시 수준급이다. 물론 경우에 따라 다르긴 하지만, 보통은 업체의 책임으로 하자가 발생해도 책임 있는 재시공 서비스를 제공하는 편이다. 147쪽 참고

12 숙련이 필요한 시공은 확인된 기술자에게 맡기자

졸리컷, 무몰딩 도배, 무문선 시공, 대형 타일 시공 등은 최근 굉장히 보편적인 시공으로 자리 잡았다. 그럼에도 불구하고 기술자에 따라서는 이러한 시공 경험이 얕거나 없을 수 있다. 특별하거나 숙련이 필요한 시공을 하고 싶다면 반드시 해당 시공 경험이 풍부한 기술자에게 맡기자. 당장 인건비가 조금 더 들더라도 시공의 품질과 하자 가능성을 고려하면 현명한 선택일 수 있다. 169쪽 '문선', 171쪽 '졸리컷' 등 참고

13 천장 시공을 할 때는 반드시 바닥부터 천장까지 일정 높이를 확보하자

설계 단계에서 바닥과 천장 사이 높이를 반드시 일정 수준(마감재를 제외하고 최소한 2200~2300mm 이상) 계획하고 목공팀에게 천장 등을 시공할 때 해당 높이를 확보해 달라고 당부하자. 아주 중요한 부분이다. 이런 디테일을 기술자에게 명확히 지시하지 않으면 계획과 다르게 시공될 가능성이 높으며 이 경우에는 재시공을 요구할 근거도 애매해진다. 111쪽 참고

14 자재 운반에 드는 비용을 아깝다고 생각하지 말자

셀프 인테리어를 하면서 비용을 아끼기 위해 양중 기술자를 생략

하고 직접 시도하는 경우가 많다. 하지만 양중 역시 엄연히 테크닉이 필요한 전문 영역이다. 해보지 않은 사람이 섣불리 시도하다 병원비가 더 나올 수 있다. 122쪽 참고

15 반드시 여분의 자재를 남기고 따로 잘 보관해 두자

자재를 구매할 때는 재고가 남도록 넉넉히 주문하고 시공이 끝난 후에는 여분을 잘 보관하자. 마루 바닥재와 타일, 벽지, 맞춤 조색된 페인트 등이 모두 해당된다. 시공이 끝난 직후 재시공이 필요할 가능성이 있으며, 이후에도 주거하면서 자잘한 유지 보수를 해야 하는 순간이 자주 찾아온다.

16 수시로 수평 수직을 체크하자

목공 공정이나 마루 공정 등 주요 공정이 끝났을 때는 반드시 레벨링 기계로 수평과 수직을 확인한 후 시공이 하자 없이 잘 됐는지를 따지고 나서 비용을 지불해야 한다. 레이저 측정기나 레벨링 자를 직접 갖고 다니면 좋겠지만, 상황상 여의치 않다면 기술자들이 갖고 다니는 도구를 빌려서라도 수시로 체크하는 것이 좋다. 수평 수직이 맞지 않아 재작업을 요구해야 하는 상황이 의외로 자주 발생한다. 124쪽 참고

공사의 시작
착공 신고·동의서 구하기·보양

인테리어는 비록 규모는 상대적으로 작아도 건물을 짓거나 수리하는 여느 건설 분야와 다르지 않다. 즉 엄연한 '공사'라는 뜻이다. 건물이 신축이나 보수에 앞서 구청에 착공계를 내고 공사를 신고하는 것처럼, 인테리어도 커뮤니티 내에서 같은 절차를 따른다.

아파트 같은 공동주택이라면 인테리어 공사를 시작하기 전에 아파트 관리사무소에 대략적인 공사 범위와 규모, 소요 시일 등을 신고해야 한다. 엘리베이터를 쓴다면 며칠 동안 사용해야 하는지, 소음 집중 발생일은 언제인지도 함께 통지하고 양해를 구하면 좋다.

이때 아파트 관리사무소는 각 단지 규약에 따라 세대 공사 안내문 공지, 안전관리자 선임계 제출, 안전사고 책임 각서, 세대 내 인테리어 동의서 등 부가 서류를 요구하기도 한다. 형식적인 절차이므로 요구하는 서류를 구비해 제출하자. 베란다 확장 등을 비롯해 구조 변경 공사가 동반되는 경우 구청 허가를 받아야 할 수도 있다. 이 경우에도 필요한 서류를 지참하면 된다.

가장 일반적으로 준비해야 하는 서류는 세대 내 공사 동의서다. 같은 동 이웃 주민들에게 일정 비율 이상 공사 동의를 받는 절차로 공사에 대한 양해를 직접 구하도록 하는 것이다. 관리사무소가 동의서 첨부를 반드시 요구하지 않더라도, 이웃을

건축주가 직접 거둔 인테리어 공사 동의서

찾아가 몇 층 몇 호가 일정 기간 공사에 들어가니 이해를 부탁한다는 인사를 드리는 것은 매우 중요하다. 물론 인테리어 공사 동의서 수거를 대행하는 업체도 많으므로 이들에게 일정 비용을 주고 맡길 수도 있다. 하지만 공사 후에도 계속 얼굴을 보고 함께 살아가야 한다는 점을 감안하면 건축주가 직접 작은 선물을 사 들고 각 세대를 돌면서 인사를 드리는 것이 훨씬 낫다고 생각한다.

　4주간 주말을 제외하고 거의 매일 진행되는 아파트 인테리어 공사는 상당한 소음과 분진을 유발한다. 같은 층이나 아래층·위층 세대 등 이웃 주민들은 꽤 오랫동안 불편과 피해를 감수해야 한다. 이렇게 되면 공사 동의를 했다고 해도 각종 불편과 민원이 들어오는 것은 흔한 일이다. 건축주가 직접 인사를 하고 양해를 구했다면 성의를 봐서라도 가벼운 민원으로 끝날 수 있다. 그러나 대행 업체를 통해 형식적으로만 동의 절차를 진행했다면 공사가 진행되는 내내 현장을 찾아와 불편을 호소하면서 공사 진행을 방해하거나, 심하면 피해에 대한 금전적 보상을 요구하는 악성 민원으로까지 번질 수 있다.

작업자들이 사용하는 엘리베이터를 비롯해 이동 동선 전체를
공사 하루 전까지 꼼꼼히 보양해 둔다.

필자의 경우 건축주가 직접 공사 하루 이틀 전 각 세대를 돌면서 일일이 얼굴을 보고 공사 동의를 받았다. 그래서인지 공사 기간 내내 적지 않은 소음과 분진을 유발했음에도 이웃 주민들이 상당히 참을성 있게 인내해 주셨다. 바로 위 세대에 아이를 키우는 젊은 부부가 살고 있었는데, 복도에 내놓은 유모차에 분진이 쌓이는 것을 볼 때마다 공사를 진행하는 입장에서 죄송한 마음이 들 수밖에 없었다. 매일 공사가 끝난 후 유모차를 닦아주며 미안함을 표시했다. 다행히 끝까지 이렇다 할 민원이 접수되지 않고 순조롭게 공사를 마무리할 수 있었다.

비용과 디자인 사이의 딜레마

셀프 인테리어를 진행하다 보면 구현하고자 하는 디자인과 계획한 예산 사이의 딜레마에 매번 맞닥뜨리게 된다. 비용 제한 없이 설계만을 고려할 수 있다면 얼마나 좋을까? 예산이 클수록 자재 선택의 폭이 넓어지고, 공정에도 더 품을 많이 들어 완성도 높은 결과물을 구현할 수 있다. 하지만 현실은 그렇지 않다. 비용과 기능, 디자인 사이 어느 지점에서 타협점을 찾을 수밖에 없다.

앞서 설명한 것처럼 우리 현장의 예산은 단열과 목공 등 기능적인 요소를 강화하는 데 상당 부분을 배분하면서 마감재에 배분되는 예산은 그만큼 줄어들었다. 저렴한 견적에 그럴듯한 인테리어 결과물을 원한다면 단열이나 방수 등 눈에 보이지 않는 공정은 줄이고 마감 공정에 투자하면 된다. 이 경우에는 정확히 반대로 한 셈이다. '살기 좋은 집, 안전한 집'이라는 목표를 쉽게 버리고 싶지 않았다.

이처럼 한정된 예산으로 내실을 잘 다지고 싶다면 마이너스 몰딩이나 무문선, 히든 도어와 같이 요즘 유행하는 마감은 과감히 포기해야 한다. 이런 마감을 위해서는 평균보다 많은 작업 인력을 투입해야 하므로 인건비가 배로 든다. 물론 그렇다고 해서 마감의 완성도를 포기한다는 뜻은 아니다. 최소한의 예산으로 디자인적 완성도를 끌어올릴 수 있는 방법은 'Less is more', 즉 욕심을 버리고 최소한의 디자인 요소에 집중하되 마감은 최대한 완벽하게 완성하는 것이다.

특히 넓은 면적으로 한눈에 공간의 인상을 좌우하는 벽면이나 바닥의 마감이 매우 중요하다. 벽면은 화려하고 엠보싱이 있는 비싼 도배지를 바를 수 없다고 해도 최소한 합지가 아닌 실크 벽지는 바르자. 대신 색상을 흰색으로 가장 심플하고 저렴하게 쓰는 것이다. 도장이 아닌 도배 마감이라고 해도 모든 벽면은 퍼티 작업과 초배지 작업을 꼼꼼히 해서 벽지가 우는 일 없이 벽면에 잘 붙어있도록 해야 한다.

천장과 벽면, 벽면과 벽면, 벽면과 바닥이 만나는 모서리마다 각재를 대서 '칼각'을 만드는 것이 좋다. 문선은 무문선까지는 못하더라도 9mm 문선, 천장은 마이너스 몰딩을 포기하는 대신 무몰딩으로 진행하기로 하는 등 작업 범위를 타협하는 과정이 필요하다.

수평이 심각하게 맞지 않는 바닥은 평탄화에 신경을 많이 써야 한다. 이때 수평 몰탈(수평이 낮거나 울퉁불퉁한 바닥면을 몰탈로 채우는 작업)은 비용이 많이 든다. 따라서 대신 샌딩(편차를 맞추기 위해 수평이 높은 일부 바닥재를 갈아내는 작업) 공정을 추가하면 효율적으로 작업할 수 있다. 상대적으로 부드러운 바닥재인 강화마루나 데코타일, 장판과는 달리 강마루는 딱딱한 나무 조각들을 맞물려 바닥에 본드로 붙이는 방식으로 시공되기 때문에 바닥 수평을 잡는 것이 필수적이다. 현장 견적을 보러 온 마

현관 바닥 시공 전과 후 모습.

루 전문가의 말도 꼭 귀담아듣자. 예를 들어 "이 정도로 굴곡진 마루에는 강마루 시공 자체가 어려울 수도 있어요."라고 한다면 난감해진다.

부자재 구매도 최대한 저렴하게 할 수 있는 루트를 찾기 위해 발품을 팔아야 한다. 예컨대 서울 논현동과 을지로에는 다양한 수입 자재를 취급하는 자재상들이 많다. 셀프 인테리어족들 사이에서는 이미 이름난 '윤현상재'나 '유로타일'과 같은 도기 가게만 하더라도 수백 수천 종의 아름다운 국내외 타일을 구비하고 있다. 이곳 한 군데만 들르더라도 웬만한 콘셉트를 소화하는 자재를 소매가로 구매할 수 있다.

전국에서 가장 타일을 싸게 판다는 인천 '용타일'도 있다. '용타일'은 서울의 웬만한 타일 자재상의 60~70% 가격 수준으로 타일을 파는 도소매상이다. 특히 재고가 얼마 남지 않은 타일을 할인해 파는 '이벤트 타일' 코너의 재고 떨이 마케팅을 적극적으로 활용하면 좋다. 원래도 저렴한 가격에서 절반 이상 할인된 값으로 필요한 타일과 부자재들을 구매할 수 있다. 조명, 스위치, 도기와 철물 등 기타 부자재 역시 조금이라도 싸게 구매하려면 네이버 카페를 '폭풍 검색'해야 한다. 앞에서 예시로 언급한 상점 역시 모두 가성비가 좋기로 유명한 곳들이다.

시공의 첫 발자국, 철거

철거는 간단하다. 우리 현장(30평 아파트) 기준으로 건장한 장정 네 사람이 여섯 시간 정도 작업하니 내부의 웬만한 마감재는 다 헐리고 콘크리트 뼈대가 드러났다. 아파트마다 다르지만 보통 관리사무소는 인테리어 공사 시간을 9시~17시 사이로 규정하고 있다. 특히 철거 등 소음이 많이 발생하는 공정은 10시~15시 사이, 주민들 대부분이 집을 비웠을 때 작업하도록 규정한 곳이 많아 시간을 유의하면서 작업해야 한다.

자재가 반입되고 폐기물이 반출되는 복도나 엘리베이터 등에는 꼼꼼하게 보양 작업을 해서 이웃에게 불편이 가는 일을 최소화해야 한다. 특히 철거 공정 중 화장실 타일을 철거할 때 어마어마한 소리가 난다. 화장실 타일 철거 작업을 가장 한산한 시간대인 점심시간대로 배치하면 이웃을 배려할 수 있다.

철거할 때 주의할 점은 작업 시작 전 반장에게 철거 범위를 명확히 전달해야 한다는 것이다. 철거해야 할 부분을 미리 래커나 마커로 × 표시해 두는 것이 좋고, 절대 철거하지 말아야 할 부분은 여러 번 강조해야 한다. 특히 내력벽이나 콘크리트 보 같은 핵심 구조물은 절대 철거하거나 구멍을 뚫어선 안 된다. 아파트와 같은 집합 건물에서 '우리 집이니까 괜찮겠지' 하며 내력벽이나 구조물을 훼손한다면 전체 건물의 구조적 안정성까지 해칠 수 있다.

철거 업체가 일반적으로 해결하지 못하는 철거 부위도 몇 군데 있다. 장판 정도는 떼어 가지만, 접착제로 붙은 데코타일이나 마루, 도배지 등은 전문 철거 기술자를 불러 2차 철거를 진행해야 한다. 이런 공정은 전문 공구와 추가 인력이 필요하기 때문에 1차 철거 업체가 전부 다 해결해 주지 않는다.

　　도기 등 수도관 주변을 철거할 때도 주의해야 한다. 양수기를 반드시 잠그고 진행해야 하며, 철거한 수도관에는 알맞은 사이즈의 메꾸라(철거한 자리의 구멍을 임시로 메우는 공구) 등으로 막아둬야 물이 새는 불의의 사태를 막을 수 있다. 메꾸라는 철거 업체가 가지고 다니기도 하지만 없는 경우도 많으므로 철물점 등에서 크기별로 미리 구비해 두면 편하다.

철거 공정을 필두로
인테리어 공사가 시작된다.

수도 배관 등을 철거한 자리를
임시로 메워주는 pvc 소재 메꾸라

필자가 철거 공정을 진행할 때는 역사(力士)의 민족으로 알려진 몽골인 근로자가 두 분, 반장을 포함한 한국인 근로자가 두 분으로 총 네 사람이 작업했다. 키가 190cm가 넘는 몽골 기술자는 언뜻 보기에도 굉장한 힘으로 철거 작업을 마무리했다. 업계에 따르면 이들의 일당은 15만 원 전후라고 한다. 국내 웬만한 기술자 일당의 절반 정도다.

시공을 경험하면서 느낀 것은 철거처럼 힘이 필요하고 고된 노동일수록 외국인 근로자들이 곳곳에서 궂은일을 도맡고 있다는 것이다. 사무직으로 일할 때는 주위에서 쉽게 발견할 수 없던 외국인 근로자들이 시공 분야에서는 정말 많다. 주로 한국인이 기피하는 고된 분야에서 상대적으로 저임금을 받으면서 묵묵히 일하고 있었다. 철거 업체는 하루 노임으로 총 150만 원 정도의 비용을 청구했는데, 내국인으로만 구성된 업체였다면 불가능했을 저렴한 비용이었다. 폐기물 처리와 반출, 간단한 청소 서비스까지 포함한다는 점을 고려하면 더더욱 그렇다.

대규모 신축 현장부터 조그만 인테리어 현장까지, 건설 시공 분야 곳곳에 포진한 외국인 근로자들은 그들이 없다면 웬만한 프로젝트는 돌아

화장실 철거는 품이 많이 들고 까다롭다. 철거 과정에서 방수층이 깨지고 배관이 손상되기도 한다.

가지 않을 만큼 큰 비중을 차지하고 있다. 그럼에도 언제나 동일노동 동일임금 원칙의 사각지대에 놓인 것은 안타까운 일이다.

직영 인테리어 시공을 할 때 만약 일당을 기준으로 기술자를 고용한다면 식대나 교통비, 부자재 등 보조 비용은 일일 고용주(건축주)가 별도로 부담하는 것이 관례다. 하지만 한 번에 150만 원을 청구한 철거 업체처럼 청구서를 받는 형식이라면 대부분 이런 보조 비용들이 포함된 것으로 봐도 무방하다.

배관 설비

화장실 철거 중 작업자의 실수로 배수관의 주요 부분이 잘린 적이 있다. 실수는 충분히 일어날 수 있고 누구를 탓할 수만은 없는 일이다. 이런 변수 때문에 계획에 없던 공정이 추가되기도 한다. 이 경우에는 철거 후에 배관 설비 공정을 급히 끼워 넣게 됐다.

배관 공정은 주로 수도, 싱크대, 욕실, 변기 등의 상하수관과 오수관 등을 변경할 때 필요하다. 부엌과 화장실의 기존 배관을 재활용할 계획이라면 배관 공정은 생략하고 철거에서 곧바로 미장과 방수 공정으로 넘어가는 것이 보통이다. 현장의 경우 주요 배관은 이전 주인이 한번 손을 대서 개보수가 이뤄진 상태였다. 따라서 특별히 해결할 문제가 있거나 구조 변경을 계획하지 않는 이상 기존 배관 구조에 손을 댈 필요가 없었다. 하지만 급하게 예정에 없던 배관 설비 공정을 편성하고 나서야 애초에 설계 단계에서부터 배관 공사의 가능성을 염두에 두고 진행했어야 한다는 점을 깨달았다.

이렇게 긴급한 공정이 생기면 바로 전화를 돌려 당장 내일 작업 일정이 비어 있는 기술자를 수소문해야 한다. 갑작스러운 부탁에도 불구하고 다행히 실력이 좋은 배관 설비 기술자를 구할 수 있었다. 그는 수백 종의 배수관과 부품, 공구로 가득 찬 트럭을 몰고 새벽부터 인천에서 출발해 구세주처럼 작업장에 나타났다.

부탁한 작업은 철거 과정에서 망가진 40년 된 하수 배관을 철거하고 새롭게 만드는 일이었다. 아울러 철거 과정에서 끊어진 온수 배관을 재

연결해 세면대와 양변기, 샤워기 수도를 설치하는 일과 벽 까대기(콘크리트 표면을 일부 철거하는 것) 작업을 통해 욕실 수전 위치를 250mm 정도 높여 샤워 수전을 달 수 있게 개조하는 일도 함께 부탁했다.

그러나 만능 맥가이버조차 망가진 하수 배관을 고칠 때 애를 먹었다. 기존 배수구는 너무나 낡았고, 요즘 시판되는 크기와 맞지 않는 배수관 부품이 무쇠로 된 하수구 입구 부분과 강력 본드로 매우 단단하게 접합되어 있었다. 트럭에 가득한 웬만한 공구로도 쉽사리 분해되지 않았다.

망가진 하수 배관을 철거하고
새 배관을 재설치했다.

끊어진 온수 배관도 복구해 연결했다.

그는 한두 시간 동안 땀을 뻘뻘 흘리며 애를 먹은 끝에 문제를 해결했고, 맨손으로 배수구 깊은 곳에 고여 있던 수십 년 묵은 머리카락과 쓰레기를 건져 올리며 청소한 후 새로운 배수관 설치를 마쳤다. 웬만한 기술자의 두 배에 달하는 노임이었지만, 결과물을 보면 돈이 아깝다는 생각이 전혀 들지 않았다.

시간이 모자라 벽부형 세면대를 설치하기 위한 배관 작업을 끝내 하지 못했다. 만약 처음부터 배관 계획을 세우고 공정을 편성했다면, 인력을 추가해서라도 세면대 배관 일부를 벽에 매립해서 벽부형 세면대를 설치할 배관 공사를 마쳤을 것이다. 하지만 일정에 여유가 없었기 때문에 기존에 계획했던 대로 긴다리형 세면대로 마감하기로 했다.

이 사례처럼 인테리어 공정 가운데서도 배관 설비는 정말 실력이 좋은 기술자를 만나는 것이 중요하다고 생각한다. 일단 배관을 한 번 설치해서 매립하고 나면 그 위는 시멘트 몰탈, 타일 등으로 마감 및 고정된다. 실수는 용납되지 않는다. 누수라도 발생한다면 다시 모든 마감재를 철거하고 재작업을 해야 한다. 비용은 물론 공기를 많이 잡아먹기 때문에 뒤에 오는 모든 공정을 재조율해야 하는 불상사가 일어날 수 있다.

배관 설비 공정은 바닥 아래를 지나가는 수도 배관이나 보일러 외에 천장에 설치되는 각종 설비도 해당된다. 만약에 천장 매립형 에어컨을 신설하거나 에어 덕트를 설치하고 싶다면 목공이 들어오기 전 필요한 배관을 구축해 뽑아둬야 한다.

미장과 방수

화장실은 집 한 채와 같다. 화장실 안에 조적, 미장, 방수, 외장재 마감, 전기, 배관, 가구와 도기 서치 등 집 한 채에 필요한 모든 공정이 집약되기 때문이다.

따라서 화장실 시공은 셀프 인테리어에 도전하는 사람들이 가장 긴장하는 부분일 것이다. 특히 덧방이 아니라 올 철거 후 시공을 하는 경우라면 더더욱 그렇다. 턴키 업체들마저도 경험이 풍부하지 않은 업체는 화장실 올 철거 공사를 꺼릴 정도다. 시간이나 예산 등의 이유로 올 철거 대신 덧방 공사를 권유하는 곳도 많다.

올 철거 시공이 어려운 가장 큰 이유는 방수 때문일 것이다. 만약 공동주택에서 화장실 전체 철거 후 시공을 했다가 방수층이 깨져 물이 고이거나 아래층으로 누수라도 발생한다면 이는 손해배상 공방으로 이어진다. 재시공 비용 역시 만만치 않고 재시공을 한다고 해도 같은 문제가 다시 발생하지 않는다는 보장도 없다. 자신이 없으면 화장실은 건드리지 말라는 우스갯소리가 나오는 것도 과언이 아니다.

하지만 기왕 인테리어 올 철거 시공을 결정했다면 화장실은 덧방이 아니라 올 철거 재시공을 하는 것이 맞다. 덧방 시공은 기존 타일이 잘 붙어 있다는 전제가 있어야 가능한 시공 방식이다. 따라서 시공 후 기존 타일 층에 문제가 생기면 어차피 전체를 철거하고 재시공을 해야 한다. 덧방을 하면 아래층으로 물이 샐 일만 없다 뿐이지 타일 탈락이나 곰팡이 등 새로운 하자가 발생할 수도 있다. 덧방은 미봉책이지, 하자를 막는 근본적인 해결책이 될 수는 없다. 필자도 화장실 전체 철거 후 미장을 하고 방수층을 다시 입히는 과정에서 추후 하자가 없도록 내내 신경을 곤두세웠다.

미장·방수 공정은 콘크리트가 드러난 화장실 벽과 바닥에 물을 뿌린 후 벽과 바닥을 빗질하는 과정으로 시작한다. 시멘트 방수액이나 몰탈을 벽면에 잘 입히려면 먼지 없이 노면을 최대한 정리하고 시작해야

프라이머 → 시멘트 방수액 도포 → 보호 몰탈 순서로
1차 액방을 진행하면서 화장실 방수층을 입혀 나간다.

1차 액체 방수 작업 후 시멘트를 양생하고 있다.
이튿날 이 순서를 한 번 더 반복하는 '2차 액방'을
해주면 방수층을 더욱 단단하게 다질 수 있다.

한다. 이 작업을 몇 차례 반복하면서 조그만 부스러기와 먼지까지 꼼꼼하게 치운다.

현장에서 방수 기술자는 먼저 배수관 조인트와 바닥면 등 방수에 취약한 부분에 몰다인이라는 프라이머를 도포했다. 그다음 시멘트와 방수액, 메도몰(시멘트용 혼화제) 등을 큰 배럴통에 넣고 교반기로 충분히 혼합해 시멘트 방수액을 만들고, 이것을 모서리와 바닥, 벽면에 꼼꼼히 바르는 것을 시작으로 일명 '물방' 또는 '액방'이라고도 부르는 시멘트 액체 방수 작업을 이어나갔다.

바닥과 벽면에 시멘트 방수액을 도포하는 것은 액방의 첫 단계다. 이를 통해 철거 과정에서 생긴 미세한 콘크리트 크랙을 한번 채워주면서 거칠어진 면 정리를 할 수 있게 된다. 그리고 기술자는 남은 시멘트 방수액에 레미탈 두 포대를 추가로 교반한 후 허리 위쪽의 벽면에도 방수액을 꼼꼼히 입혔다.

시멘트 방수를 끝내고 잠깐 쉬면서 면을 말리는 과정이 지나면 2차 도포가 이어진다. 레미탈과 물을 섞어 만든 보호 몰탈로 화장실 벽면과 바닥면을 한 겹 더 입히는 것이다. 보호 몰탈로 이렇게 면을 추가로 덮는 작

미장 기술자에게 문지방 철거한 부분을 레미탈로 메워달라고 부탁했다. 이와 같은 간단한 미장은 레미탈과 흙손만 있다면 셀프로 진행할 수도 있다.

BOX 2

화장실 방수, 뭐가 정답일까?

화장실 방수 부분은 인테리어를 할 때 신경을 가장 많이 썼던 부분이다. 아무래도 현장이 구축 아파트이다 보니 기존 방수층이 이미 미비함은 물론 타일을 떼어냈을 때 콘크리트 기초면부터 추가 손상이 갔을 것이라는 우려가 들었다. 여러 방수 공법을 놓고 고민하다가, 결국에는 액체방수 2회와 도막방수 2회라는 전통적인 실내 방수 방식을 따르기로 했다.

시멘트 액체방수, 즉 '액방'은 20세기 초반부터 사용된 건축물의 실내 방수 공법이다. 그러나 신식 방수제가 많이 개발된 오늘날에는 액체방수로만 방수 성능을 담보할 수 없다는 의견이 지배적이다. 그래서 액체방수 후 도막 방수제를 덧바르는 등 방수 보완을 병행하는 것이 일반적이다. 우리 현장처럼 골조까지 철거를 진행해 면이 울퉁불퉁하고 평활도가 심각하게 어긋난 철거 현장의 경우는 액체방수 작업부터 두 번 반복해 면 정리를 확실하게 하고 넘어가는 것이 좋다고 생각한다. 일반적인 액체방수 절차는 아래와 같다.

**방수 시멘트(시멘트+방수액+물) 얇게 도포 → 방수액 →
방수 시멘트 얇게 도포 → 방수 몰탈 도포**

방수 몰탈 작업은 방수 시멘트와 방수액을 도포한 층을 보호하기 위해서 다시 시멘트와 모래를 섞은 레미탈을 덧바르는 것이다. 하지만 여기까지 하고 양생을 한다고 해도 시멘트가 마르는 과정에서 눈에 보이지 않는 크랙(갈라진 틈)이 생긴다. 그래서 액체방수 절차를 1회 마무리하고 양생한 후 양생이 80~90% 진행된 그다음 날에 이 작업을 한 번 더 해주는 것이 중요하다. 그러면 처음 양생 과정에서 생긴 크랙 사이로 다시 방수 시멘트와 방수 몰탈층이 쌓이면서 2차 보강이 이뤄진다.

우리 현장 화장실 역시 이틀에 걸쳐 액체방수를 2회 반복했다. 2차 액방이 끝난 후에는 이를 완전히 말린 다음 며칠 뒤 도막 방수제를 다시 한번 도포했고, 며칠 후 남은 도막 방수제까지 모두 도포했다.

업은 시멘트 방수층을 보호하는 동시에 면의 단차를 메우는 역할을 한다.

기술자는 보통 '흙손'이란 도구로 보호 몰탈을 얇게 여러 번 덧입히면서 벽면의 단차를 메워간다. 흙손 작업을 마친 후에는 긴 철제 자로 벽면을 쓸어내리면서 다시 한번 수직 수평을 맞췄고, 마지막에는 물을 묻힌 비질을 여러 번 반복해 작은 틈까지 메우면서 세심하게 작업했다. 1평이 조금 넘는 화장실의 경우에도 서너 시간이나 걸리는 고된 작업이다.

2차 액체방수와 도막 방수

정석대로라면 1차 액방이 80% 말랐을 때쯤 2차 액방을 한 번 더 하고, 마지막으로 도막 방수를 두어 차례 해서 화장실 방수를 마무리하는 것이 가장 안전하다. 두어 시간 걸리는 2차 액방을 방수 기술자가 한다면 하루치 일당을 추가해야 하므로 비용을 아끼려면 셀프로 하는 것도 방법이다.

전날 방수 기술자에게 시멘트와 레미탈, 방수액을 어느 비율로 혼합하고 어떻게 도포해야 하는지를 미리 배워두면 셀프 액방을 더 꼼꼼히 할 수 있다. 몰탈 혼합 비율만 배워서 이미 정리된 면에 흙손과 방수비로 덧바르기만 하면 된다. 말로는 굉장히 쉬운 작업이다.

하지만 실제로 해보면 결코 쉽지 않다는 것을 금방 알 수 있다. 일단 전동 교반기 없이 수작업으로 시멘트와 레미탈, 방수액을 혼합하려면 땀이 비 오듯 날 정도로 혼합액을 한참 동안 저어야 한다. 전문가가 교반기로 할 때는 5분이면 잘 섞인 반죽이 완성되는데, 손으로 덩어리지지 않게 반죽을 하려면 족히 30분은 더 걸린다. 완성된 방수액과 몰탈을 벽과 바닥에 도포하는 것도 생각보다 쉽지 않다. 그래도 어떻게든 잘 끝냈다면 이제 3~4일 정도 충분히 양생하면 된다. 셀프로 할 자신이 없다면 방수 기술자를 하루 더 불러서 확실히 시공하는 게 낫다.

그 뒤에는 도막 방수를 한다. 도막 방수란 액방과 미장이 완료된 면에 물이 침투하지 못하도록 방수제를 여러 번 덧칠해 방수막을 만드는 것이다. 도막 방수 공정은 선택이 아닌 '필수'다. 간혹 액방 공정만으로 방수를 완료했다고 말하고 곧바로 타일 공정으로 넘어가는 업체도 있는데 굉장히 위험하다. 시멘트와 몰탈로 마감한 면은 자잘한 생활 충격에도 크랙이 생긴다. 타일 메지(줄눈) 사이를 통과한 물이 이 크랙으로 스며들면 방수층은 곧바로 깨지게 된다.

2차 액방과 마찬가지로 도막 방수 역시 회당 2~3시간 정도 소요되는데, 방수 기술자를 부르면 일당이 추가로 지출되기 때문에 인테리어 업체에서는 실장이 주로 셀프로 많이 진행한다. 따라서 셀프 인테리어를

1차 액방이 완전히 마른 후 다시
2차 액방 작업을 셀프로 진행하고 있다.

에코디펜스 도막 방수를 셀프 시공하는 모습.
모서리 등은 추가로 방수 부직포를 덧대어 방수를 보강했다.

할 경우 건축주가 직접 이 공정을 진행하면 공정 비용을 아낄 수 있다.

　도막 방수 소재로는 크게 '고파스'와 '에코디펜스(아쿠아디펜스)' 두 가지가 있다. 고파스는 고무계 도막 방수제로 옛날부터 널리 쓰인 소재다. 합성고무를 휘발성 용제에 녹여 칠하면서 방수막을 형성한다. 한 통에 4만 원 내외로 저렴하게 시공할 수 있다는 장점이 있는 대신 타일 접착력이 떨어지고 인체에도 그리 좋지 않다.

　에코디펜스 도막 방수제의 경우 수용성 아크릴 폴리머계 방수제로, 용액 내에 섬유질이 포함돼 있어 인장 강도와 인열 강도가 강하다. 건물 표면이 미세하게 진동하면서 생긴 크랙 사이로 수분이 침투하는 것을 섬유질이 보강해 주는 것이다. 게다가 환경친화적이고 어떤 접착제를 사용해 타일을 붙여도 잘 접착된다. 이 같은 이유로 요즘은 비용이 들더라도 에코디펜스가 가장 선호되는 방수제가 된 듯하다. 참고로 한 통 기준 고파스보다 약 3~4배 비싸다.

　현장의 경우 타일 시공이 떠붙임 시공과 압착 시공(125쪽 참고)을 혼합해서 진행하기로 한 점을 고려해 가격은 비싸지만 성능이 좋은 에코디펜스를 시간 간격을 두고 2회 도포하는 방식으로 결정했다. 이외에도 도막 방수제로는 여러 가지가 있으니 상황에 맞는 소재를 선택해서 쓰면 된다.

　모서리와 수전, 배수구를 중심으로 붓과 롤러를 사용해 에코디펜스를 꼼꼼히 도포하고, 방수 부직포를 사용해 한 번 더 보강한다. 남은 면에도 얇게 발라준다. 방수제는 짧게는 4시간, 넉넉하게는 하루면 마른다. 며칠 뒤 이 과정을 1~2회 더 반복하면 된다. 여기서 주의할 것은 바닥은 전체 도포가 기본이고, 샤워실이나 바스가 있는 부분은 벽에도 최소한 사람 키 높이(180cm)만큼 방수제를 도포해야 한다는 점이다. 벽에 튄 물이 벽면을 타고 흘러내리기 때문이다. 세면대나 양변기 부분의 벽은 허리 높이(110cm)까지 방수제를 도포하는 것을 권장한다.

도막 방수 시공을 하기 전에 후공정인 타일 전문가들과 협의가 필요한 경우도 있다. 예컨대 드라이픽스나 세라픽스 같은 압착 시공이 필요한 대형 타일로 시공한다면 고꽈스 방수제와는 상성이 맞지 않을 수 있다. 이때는 에코디펜스 시공이 권장된다. 타일 기술자에게 미리 어떤 소재로 도막 방수를 진행할 것인데 이를 고려해서 타일 접착제와 시공 방식을 정해달라고 하면 문제의 소지가 없다.

인테리어를 처음 할 때는 이 방수 공정에서 시행착오를 겪기가 쉽다. 어떤 것이 올바른 방수법이냐를 두고 소위 '방수 전문가'들의 의견이 제각각이기 때문이다. 네이버 카페나 유튜브를 찾아봐도 방수 방식과 재료에 대한 기술자들의 대답들이 각자 다르다. 액방은 1차면 충분하다는 전문가들이 있는가 하면, 액방은 꼭 2차까지 완료하고 담수 테스트까지 마친 후 도막 방수로 넘어가야 한다는 의견도 있다. 양생 시간이 상당히 소요되기 때문에 일부 인테리어 업체들은 액방을 1차만으로 끝낸 후에 도막 방수로 넘어가거나, 심지어 제대로 된 도막 방수 없이 곧바로 타일을 붙이기도 한다.

도막 방수 소재로는 고꽈스로 충분하다는 전문가들도 있는 반면 고꽈스는 충분치 않으니 에코디펜스를 도포해야 한다는 전문가들도 있다. 또 어떤 이는 에코디펜스로도 안심할 수 없으니 시트 방수를 병행하면 좋다고 말하고, 주택 화장실에 시트 방수까지는 과하다는 의견도 있다. 실제로 우리가 자문을 구했던 방수 전문가 두 분도 의견이 달랐다. 선택은 자신의 몫이다. 하지만 화장실은 한 번 제대로 시공하면 수십 년간 사용할 수 있으므로 방수를 꼼꼼히 해서 나쁠 일은 없을 것이다.

전기

살과 옷 같은 마감재를 입히기 전에 뼈와 혈관처럼 집 전체를 순환하는 것이 바로 전기다. 실수가 용납되기 어려운 공정이라는 점에서 배관 설비와 비슷하다. 목공이 들어오기 전 기초 작업에 들어가는 전기 기술자가 누락하는 부분이라도 생기면 가벽과 마감재를 모두 뜯어내고 재작업에 들어가야 하지만, 그런 상황이 발생하더라도 현실적으로 재작업은 엄청나게 어려운 일이다.

인테리어를 총괄하는 입장에서 실수를 방지하는 가장 좋은 방법은 전기 배선 작업만을 위한 설계 도면을 별도로 준비하는 것이다. 전기 기술자에게 공정 지시를 할 때 잘 그려진 도면 한 장만 있으면 충분하다. 도면은 각 방에 설치될 조명과 스위치, 콘센트의 위치와 종류 등 정보를 세심히 담고 있으면 된다.

오른쪽의 천장도 도면이 그 예시다. 도면 한 장에 불과하지만 전기 기구와 관련된 모든 정보가 담겨 있다. 여기서 완성도를 높이고 싶다면 지시 정보를 더 세세하게 담는다. 예를 들어 거실에 콘센트를 총 3개 설치할 예정이라면 각 벽을 기준으로 좌측에서 몇 mm, 바닥에서부터 위쪽으로 몇 mm 떨어진 곳에 설치하라고 정확한 위치를 지정해 주면 된다.

너무 세세하다고 말할 수도 있지만, 이렇게까지 하지 않으면 콘센트나 스위치, 조명 위치를 임의로 대강 설치하는 기술자도 많다. 기술자의 임무는 주문받은 자재를 설치하는 것이지 아름답게 설치하는 것이 아니기 때문이다. 천장 조명 역시 도면에서 위치를 정확히 잡아줄수록 최종

천장도

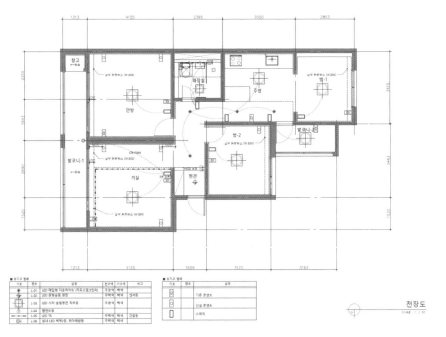

천장도
SCALE 1/90

전기 배선 작업이 끝난 현장. 콘크리트 골조 밖으로
전선이 튀어나와 있다. 이후 들어오는 목공팀이 가벽을 세워
전선을 보이지 않게 매립한다.

작업의 완성도가 올라간다.

특히 오래된 아파트를 리모델링할 때 전기 작업에서 잊지 말아야 할 점은 생활방식이 바뀌면서 감당이 안 될 것 같은 전기 용량의 전선을 따로 빼줘야 한다는 것이다. 일례로 우리 현장의 경우 전기 기술자와 협의해서 인덕션용 전선과 에어컨용 전선을 별도로 분리하고, 이를 제어하는 누전차단기를 새로 만들어 넣기로 했다. 만약 이런 것들을 따로 알아보지 않아 작업이 누락된다면 인덕션을 켰을 때 조명이 나간다거나, 에어컨을 동시에 돌리지 못한다거나 하는 끔찍한 불편을 겪을 수 있다.

특히 별도의 가벽 없이 콘크리트 벽에 벽지로만 마감된 집은 전선 경로나 콘센트 스위치 등이 모두 노출돼 있다. 이런 경우에는 전선을 빼두는 작업이 끝나면 후공정인 목공 기술자에게 석고 가벽을 설치한 후 가벽 밖으로 전선을 빼달라고 주문해 두면 된다. 그러면 전선이 가벽 밑으로 매설돼 깔끔하게 마감할 수 있다.

단열과 목공

    단열은 방수와 더불어 모든 공정 가운데 가장 신경 써야 하는 부분이다. 특히나 우리 현장은 아파트 가장 끝 동 끝 호라 방마다 곰팡이와 결로가 심각했다. 단열재의 종류로는 이보드와 아이소핑크, 경질 우레탄폼 등 여러 가지가 있는데, 현장에 특성에 따라 선택하면 된다. 외기로부터 침투하는 습기를 원천 차단하는 것이 주목적이라면 가격이 높아도 방습·단열 효과가 가장 좋은 경질 우레탄폼이 좋다. 아이소핑크로 시공할 때는 통상적인 두께보다 두꺼운 자재를 써야 하는 경우가 있는데, 내부가 더 좁아지는 단점이 있다.

    경질 우레탄폼 단열은 콘크리트 벽에 목공이 다루끼로 골조를 세우면 다루끼와 콘크리트 사이를 분사식 폼으로 두껍게 메워 단열 효과를

단열 작업의 시작

극대화하는 단열 방식이다. 조밀한 입자의 폼으로 틈새를 메워가는 단열 방식이라 아이소핑크나 보드 단열재에 비해 박리 현상이 없고, 얇은 도포만으로도 내단열 효과를 극대화할 수 있다는 장점이 있다. 단점은 가격이 비싸고 시간이 많이 지나면 수축 현상이 있다는 것이다.

자재 선정과 함께 단열과 목공 공정을 어떻게 배치할지도 고민해야 한다. 단열과 목공팀을 각각 배치할지, 단열을 전문으로 하는 업체에 목공도 함께 부탁할지, 반대로 목공팀에게 단열을 부탁할지 등을 각각 견적을 받아보고 결정하면 된다. 단열과 목공 공정 일부가 겹치는 특성 때문에 두 공정을 한 팀에 부탁하는 것이 훨씬 저렴한 경우가 있다. 특별히 고난도의 목공 기술이 필요한 부분이 없다면, 단열 시공비를 잘 맞춰

단열 작업을
진행하는 모습

BOX 3

단열재 선택

단열도 방수만큼이나 전문가들 사이에서 단열재 사용과 시공 방식에 대한 의견이 분분한 공정이다. 100% 단열, 100% 방수라는 게 사실상 불가능한 데다, 시공 이후에도 그 집에 사는 사람의 라이프스타일과 관리 방식에 따라 하자가 빈번히 생기는 까다로운 공정이기 때문이다.

단열은 크게 외단열, 중단열, 내단열로 나뉜다. 인테리어 공정에서 흔히 말하는 '단열'은 내단열을 일컫는 경우가 많다. 내단열은 단어 그대로 건물 내부에 단열재를 부착해서 단열 효과를 극대화하는 것이다. 내단열재로는 가장 일반적으로 시공하는 압출법 보온판(아이소핑크)을 비롯해 비드법 보온판(스티로폼), PP보드(이보드), PF보드, 우레탄폼, 그라스울 등이 있다.

비드법 보온판

흔히 스티로폼이라고 불린다. 가격이 저렴하고 단열 성능도 괜찮아 과거에는 내·외단열에 보편적으로 사용된 단열재였다. 습기와 화재에 취약하다는 단점이 있다.

압출법 보온판

아이소핑크 혹은 골드폼이라고 불리는 단열재가 여기에 해당한다. 비드법 보온판과 비슷하게 폴리스틸렌을 가열 및 압출 발포시켜 성형한 제품이다. 내수성이 뛰어나고 부식에 강하다. 스티로폼과 마찬가지로 화재에 취약하다.

PF보드

열경화성 수지를 90% 이상의 독립 기포로 발포시킨 준불연단열재다. 은박 AL시트를 붙인 형태이며 비드법·압출법 보온판보다 단열 성능이 우수하고 내화 성능이 뛰어나다.

그라스울

그라스울은 유리 원료를 섬유화해서 만든 무기질의 섬유 단열재다. 유리섬유가 촘촘한 공기층을 만들어 열의 이동을 차단하고 소음을 흡수하는 구조. 불에 타지 않는 불연성을 지니고 있어 외국에서는 목조 주택 단열에 많이 사용되고 국내에서는 내·외단열재로 두루 사용된다. 폼알데하이드(포름알데히드)를 기준치 이하로 방출해 새집증후군 등을 줄일 수 있는 친환경성을 입증했다.

PP보드

흔히 '이보드'라고 부르는 단열재다. 참고로 이보드는 동명의 회사에서 만든 PP보드 제품명이다. 압출법 단열재와 마감재인 폴리프로필렌을 압착해 만든 단열재로, 별도로 석고 보드를 붙이지 않아도 벽지와 페인트 등으로 곧바로 마감할 수 있다.

우레탄폼

크게 경질폼과 연질폼 등으로 나뉜다. 액체를 발포하는 '뿜칠' 방식으로 시공하므로 마감재가 만나는 작은 틈새도 효과적으로 시공할 수 있다. 경질폼은 연질폼에 비해 밀도가 높아서 단열성이 상대적으로 우수한 대신 공사비가 비싸다. 연질폼은 투습성이 높은 반면 경질폼은 낮다. 경질폼은 시간이 지나면 수축하면서 단열성이 서서히 떨어지기도 한다.

줄 수 있는 단열 전문업체를 고르고 목공까지 부탁하는 방법도 있다. 그러나 보통은 목공이 주가 되기 때문에 목공 기술자가 아이소핑크 등으로 단열 보완을 진행하는 경우가 많다.

단열 공정부터 본격적으로 진행되는 목공은 집의 뼈대를 세우는 핵심 공정이다. 목공 작업을 통해 비뚤어진 벽과 천장의 수직 수평을 정확히 잡고 각을 만들어 도배나 도장 같은 마감재 작업을 할 수 있는 바탕면을 만든다. 도면을 실제로 구현하는 중요한 다리가 되는 작업이므로 현장과의 소통이 가장 중요하고 어려운 공정이기도 하다. 여러 작업자가 동시에 투입되는 작업이므로 초반부터 목공 반장을 통해 구체적이고 명확하게 작업을 지시해야 하며, 중요한 설계 부분은 재차 강조해야 한다.

또 공정 중간에도 틈틈이 현장을 살펴보고 시공과 설계 사이의 간극이 있다면 유연하게 조율해야 한다.

우리 현장은 목공 부문에서 특히 애를 먹은 케이스다. 단열 업체가 데려온 목공팀과 자잘한 의견 충돌이 이어졌기 때문이다. 거실과 안방 천장 마감과 간접등 날개 시공을 지시하는 과정에서 기술자 한 분이 도면과 다른 방식을 제안했고, 도면대로 시공을 부탁한다고 피드백하는 과정에서 약간의 설전이 벌어졌다. 목수님은 일반적인 간접등 시공 방식이 아니기 때문에 나중에 조명을 넣었을 때 반사 효과가 극대화되지 않을 수 있다고 지적했다. 필자는 층고가 평균적인 아파트보다 20mm는 낮은 구축 아파트에 일반적인 방식으로 시공하면 집이 너무 비좁아 보일 수 있으므로 설계대로 시공하는 게 맞다는 입장이었다.

문제는 오후에 확인한 천장 결과물이 설계대로 진행되지 않으면서 벌어졌다. 천장 단차가 '일반적인 시공 방식'에 따라 90mm나 내려오면서 결과적으로 바닥과 천장 사이 길이가 2170mm까지 줄어들었다. 목공팀이 결국 다른 현장에서 하던 대로 시공해 버린 것이다.

그러나 주문을 전달한 설계 도면에는 천장 단차를 60mm, 천장과 바닥 사이 높이를 2200mm(최소 2190mm)까지는 확보해 달라는 지시 사

재작업을 부탁해야 했던 거실 천장

항이 명기돼 있었다. 필자는 이를 근거로 재작업을 요청했고, 결국 목공
팀은 오전 내내 작업한 천장을 철거할 수밖에 없었다. 품값으로 보나 자
재비로 보나 우리에게도 상당한 손해였다. 어떤 이에겐 까다롭게 구는
것처럼 보일 만한 해프닝이지만, 최대한 거주하는 사람의 입장을 고려
하는 게 맞다고 생각했다. 결과적으로 재작업한 결과물을 보면 천장고
20~30mm를 사수한 것이 정확한 판단이었다.

화장실 천장도 일부 재작업을 해야 했다. 목공 천장을 하면서 방수
석고로만 마감을 부탁했는데, 목수가 간접등 박스 부분 일부를 MDF(목
재 섬유판의 일종)로 마감했기 때문이다. 늘 습기 가득한 화장실에서 물에
특히 약한 MDF 소재로 샤워기 쪽에 바짝 붙은 간접등 박스 부분을 마감

우여곡절이 있었지만 대체로 훌륭하게
마무리된 작업

한 결과는 뻔했다. 결국 이곳 역시 목공팀과 협의를 거쳐 철거를 결정했다. 목공팀은 우리가 디테일한 마감 지시를 내려주지 않았기 때문이라고 했다. 이 부분은 사실이었다. 방수 석고라는 천장 재료만 지정했지, 간접등 일부 마감을 어떤 소재로 하라고까지 명시하지는 않았기 때문이다.

이런 일들을 겪으면서 기술자들에게 전달하는 지시 내용이 더욱 세심하고 구체적이어야 한다는 점을 깨달았다. 한 부분이라도 놓치면 기술자들은 개별 주택의 특성을 무시하고 해왔던 대로, 경험에 따라 시공하려는 경향이 있다. 물론 이것이 도움이 될 때도 있지만, 수백 종류의 현장에 모두 일반적인 해법이 통하는 것은 아니다. 디테일한 설계 의도와 핵심 시공 포인트가 제대로 전달되지 않으면 언제든지 시공의 우선순위가 뒤바뀔 수 있고, 결국 최종 결과물을 책임지는 것은 건축주와 설계자다.

실무를 맡은 기술자와 설계자 사이의 의견 차이는 피할 수 없다. 많은 시공 경험을 가진 실무자가 맞을 때도 있고, 설계자의 창의력이 빛을 발할 때도 있다. 물론 이렇게 의견을 맞춰나가는 과정이 스트레스로 다가올 수 있지만, 이 간극을 어떻게 조율해서 나은 결실을 도출하느냐가 셀프 인테리어 과정에서 느끼는 또 다른 보람이자 재미인 듯하다.

도어

앞서 단열 업체에게 간단한 목공 작업도 함께 의뢰하는 것이 효율적이라고 설명했다. 그러나 완전한 전문 분야가 아닌 만큼 분명 위험성은 있다. 필자의 경우 이 위험성이 도어 공정에서 현실이 되었다. 설계에 특별히 어려운 목공정이 들어가지 않는 점 때문에 목공팀이 있다는 단열 업체에 목공까지 의뢰해 시공비를 아껴보려고 한 것이 문제의 원인이 되고 만 것이다.

단열 업체의 목공팀은 공정 도중 문선을 시공하길 거부했다. 원래는 기존 문틀을 살리고 MDF를 덧대서 9mm 문선을 만들어주기로 하고 계약을 했는데, 중간에 건축주가 마음이 바뀌어 문틀을 자체 철거해 버렸다. 문틀에 덧댐 시공을 하면 그만큼 문폭이 좁아질 것을 우려했기 때문이다. 목공은 문틀이 없어지고 문 구멍만 남자 문틀과 문선을 만들지 못하겠다며 도어 업체에 부탁하라고 일을 미뤘다.

급하게 수소문한 도어 업체들은 목수가 만들어준 문선과 문틀 위에 문짝을 붙이는 것이 관례라며 거절했다. 자체 목공팀을 보낸다고 해도 책임 소재가 모호해진다는 이유 때문에 보통 다른 목수가 하던 작업은 이어받지 않으려고 한다. 시간이 촉박했다. 문선 목작업뿐만 아니라 문틀과 문 주문 제작에만 영업일 기준 최소 4~5일이 걸리는데, 타일 공정이 들어오기 전에 문을 모두 설치해 놓아야 했기 때문이다.

타일 공정이 불과 일주일밖에 남지 않은 상황에서 이를 해결해 주겠다는 도어 업체와 새로운 목공팀을 겨우 찾아 시공 계약을 맺을 수 있

었다. 문틀과 도어 설치 작업만을 위한 목공정이 추가되면서 추가 지출
이 발생한 것은 어쩔 수 없는 일이었다. 우리는 단열 업체와 협의해 이들
이 준 견적서에서 목공 한 품 정도를 삭제하는 것으로 협의를 마무리했
다. 다행히 단열 목공팀이 다른 작업은 제대로 시공해 주었고, 신규 목공
팀 인건비를 100만 원 정도 추가 부담하는 것 외에는 큰 이변 없이 문제
를 마무리 지을 수 있었다.

　　이처럼 경력 있는 목공팀을 확보하는 것은 어렵지만 굉장히 중요한
일이다. 벽과 벽이 만나는 곳에 시공되는 도어 부분이 의외로 섬세하고

돌발 상황 끝에 깔끔하게
설치된 문

까다로운 공정이며, 이를 마무리하는 솜씨가 생각보다 중요하다는 것도 알아둬야 한다.

　요즘 유행하는 무문선, 9mm 문선, 12mm 문선 등을 시공하려면 목공팀의 마무리 실력이 더욱 중요하다. 더군다나 수직 벽과 바닥 자체의 수평이 뒤틀린 곳이라면 밀리미터 단위의 정확한 실측과 시공이 핵심이다. 참고로 문 맞춤 제작을 할 때는 앞으로 수년간 사용한 후 방문이 살짝 기울 것까지 고려해서 바닥에 일정 공간을 띄워놔야 한다. 이를 간과하고 문을 제작하면 나중에 문제가 생길 가능성이 있다.

　우리 현장은 원래 기존 목공팀이 담당할 계획이었던 문선 작업을 포함해 문틀과 문짝 설치 등 도어 부위만을 맡을 새로운 팀을 섭외해야 했다. 이 과정에서 목공 공정이 이틀 추가됐다. 일정이 빠듯했지만 완충일을 확보해 뒀기 때문에 이후 공정 계획이 통째로 재조정되는 위기는 모면할 수 있었다.

　아마 셀프 인테리어에 도전하는 많은 사람이 도어 문제를 두고 크고 작은 시행착오를 겪을 것이라 생각한다. 실수를 줄이려면 내 예산에 맞는 방안이 기존 문 리폼인지, 교체인지 분명하게 정하고 시작해야 한다. 또 문과 문틀은 어떤 재질(멤브레인, ABS, 유리 등)을 사용할 것인지, 각 문은 어떤 식으로 여닫는 방식을 쓸 것인지 명확히 계획하고 시공에 들어가야 한다.

　예를 들면 필자처럼 문틀과 문선, 도어 전체를 교체하는 방법을 택할 수도 있지만, 가장 비용이 적게 드는 방법은 기존 도어 재료들을 페인트칠해서 재활용하는 것이다. 이때 손잡이, 경첩 등의 액세서리를 함께 교체해 주면 새 도어처럼 보인다. 도장 대신 인테리어 필름으로 감싸는 방식의 도어 리폼도 있다. 또 문선이나 문틀만 리폼하고 도어만 새 상품으로 교체할 수도 있다.

　실내 전체 인테리어를 계획하고 있다면 문은 웬만하면 일괄 교체를 하는 게 좋다고 생각한다. 특히 오래된 집이라면 기존 도어 자재가 너무 옛날식이어서 요즘 인테리어와 어울리지 않는 경우가 많다. 또 대부분 나무 소재인 문틀은 오랜 세월에 조금씩 휘어진 경우가 많아 도어만 새로 맞춰 넣는다 해도 부정교합이 되기 쉽다. 더군다나 필름으로 전체 리폼을 하는 경우 전체 교체와 비용 면에서도 큰 차이가 나지 않는다.

도어 시공을 고려하고 있다면 도어 재질과 종류를 미리 고민해 보는 것도 좋다. 멤브레인과 ABS가 가장 흔히 사용되는 도어 재질인데 각각 장단점이 있다. 과거에는 화장실에만 방습 기능이 있는 ABS 도어와 문틀을 사용하고, 방문은 멤브레인 소재를 사용해 방음 효과를 극대화한 경우가 많았다. 요즘에는 방문까지 ABS 도어로 일괄 교체하는 경우가 많다. 소재 선택은 취향의 영역인 것 같다. 우리 현장은 최대한 통일성을 주고 싶어서 방문과 화장실 문을 모두 ABS 도어로 사용했다. 하지만 소리에 예민하다면 확실히 ABS 도어는 바깥 소음 차단 기능이 약한 것 같다.

다양한 도어 형태

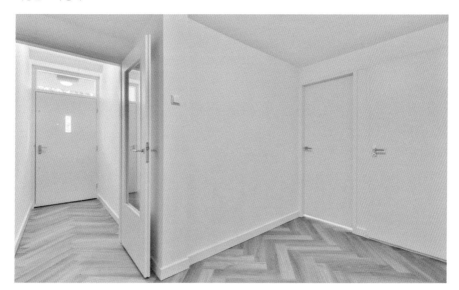

그 외에 새시틀과 유리를 이용해 만든 터닝 도어도 있는데, 주로 베란다나 다용도실 문으로 많이 설치한다. 포인트를 주고 싶거나 공간 활용도를 극대화하고 싶다면 일반적인 여닫이 방식 대신 미닫이 방식인 슬라이딩 도어나 포켓 도어를 계획하는 것도 추천한다.

도어를 주문할 때 한 가지 팁은 추후 시공할 마루 걸레받이와 천장 몰딩 색상을 미리 염두에 두고 문틀 필름과 도어 색상을 정하는 것이다.

공간이 넓어 보이려면 문틀과 걸레받이뿐만 아니라 도어 색상과 벽지 색상까지 최대한 비슷한 색상으로 맞추는 것이 좋다. 벽을 따라 이어지는 걸레받이나 천장 몰딩 등이 같은 색상의 문틀, 도어와 만나면 통일성이 극대화되고 공간을 넓어 보이게 만들기 때문이다. 이 역시 말처럼 쉽지만은 않다. 필름을 고르려고 해도 한 색상(예를 들면 화이트)이 십수 가지나 된다. '화이트니까 다 비슷하겠지?' 하고 대충 시공하면 두고두고 후회할 수 있다. 벽과 몰딩, 걸레받이와 도어에서 서로 다른 화이트들이 각자 자기주장을 하는 결과물을 볼 수 있을 것이다. 벽지와 걸레받이, 몰

색상 조화를 고려하지 않으면
최악의 경우 이런 괴물이 탄생할 수 있다.

딩, 문틀, 도어를 각기 다른 색상으로 디자인할 계획이라도 이들 색상과 재질의 상호 조화를 반드시 고려해 보는 것이 좋다.

만약 현관 중문을 시공할 계획이라면 설계 단계에서부터 설치 여부를 확정해야 한다. 현관 중문을 시공할 자리에 스위치나 스피커가 있다면 전기와 목공 단계에서 미리 위치를 옮겨둬야 하기 때문이다. 중문은 요즘 유행이라서 많이들 설치하지만, 현관 입구와 집 내부를 구분하는 것 외에 특별한 기능은 없는 것 같다. 하지만 '영림도어'나 '이노핸즈' 같은 도어 업체 홈페이지를 보면 굉장히 다양하고 아름다운 중문 디자인이 많다. 인테리어 효과를 극대화하고 싶다면 중문을 활용해서 포인트를 줄 수도 있을 것이다.

BOX 4

**논현동과
을지로
방산시장,
그리고 VAT**

셀프 인테리어를 하면서 자주 들르게 되는 곳이 논현동과 을지로 방산시장이다. 주로 수입 자재나 고급 소품을 구매할 때는 논현동, 가성비에 주안점을 둔 쇼핑이 필요할 때는 을지로 방산시장에 간다. 필자도 셀프 인테리어를 진행하면서 을지로 방산시장에 십수 번 방문했다. 늘 지나만 다녔지 뭘 파는지는 몰랐던 곳이지만, 막상 목적을 갖고 방문하니 골목골목 없는 게 없었다. 마루, 몰딩, 도어, 합판, 조명, 도기, 환풍기, 철물 부자재…. 그야말로 인테리어 부자재의 메카라고 해도 손색이 없다.

을지로 방산시장에는 아주 오래된 업체와 신생 업체들이 한데 섞여 있다. 할아버지별 상인들부터 대를 이어 가업을 물려받아 장사하고 있는 젊은이까지 상인들의 연령층도 매우 다양하다. 이들의 장사 스타일도 세대에 따라 확연히 다르다는 점이 재미있다. 우리는 몇 차례의 시행착오를 거쳐 젊은 상인들이 있는 상점들을 주로 찾게 됐다.

고정 고객이 아닌 셀프 인테리어를 하는 일회성 초짜들은 상인들이 보기에 첫눈에도 표시가 나는 모양이다. 물론 일반화는 경계해야 하지만 철저히 주관적인 경험으로 보면, 같은 물건을 찾아도 40~50대 이상의 상인들은 우리가 가격을 물어보면 터무니없이 웃돈을 붙인 가격을 부르곤 했다. 반면 젊은 상인들이 운영하는 상점은 정찰제가 확립돼 있고 정가를 부르는 경우가 많았다. 다시 한번 말하지만 개인의 의견일 뿐이니 사람에 따라 얼마든지 다른 경험을 얘기할 수 있다.

한번은 도어실에 사용할 인조 대리석을 맞추기 위해 도기 상점들을 몇 군데 방문했다.(참고로 맞춤용 인조 대리석을 판매하는 곳은 방산시장에서도 많지 않다.) 같은 제품으로 견적을 받는데도 2배 이상 차이가 났다. 초짜에게 마진을 많이 남겨 먹으려는 가게들은 "가로 1200(mm), 세로 110(mm) 인조 대리석을 맞추려는데 견적 좀 주세요." 하고 물으면 "6만 원." "7만 원." 하는 식으로 만 원 단위로 끊어지는 두루뭉술한 가격을 부른다. 반면 같은 질문을 젊은 상인들이 하는 도기사에 문의하니 곧바로 샘플 북을 펼쳐 정

을지로 방산시장
전경

확한 모델을 고르라고 한 뒤, 거래하는 공장에 카톡으로 사이즈를 보내 32700원이라는 정확한 견적서를 받아 프린트해서 주는 식이다.

조명이나 타일 같은 부자재들도 마찬가지다. 이런 제품들은 주로 브랜드가 없는 중국산 제품들이 많아 상인에 따라 마진이 천차만별로 달라진다. 문제는 마진을 붙인다는 점이 아니라, 손님에 따라 붙이는 마진의 폭이 요동친다는 점이다. 이런 가게는 셀프 인테리어를 하러 일회성으로 방산시장을 찾는 고객들을 소위 '호구'로 대한다는 시선을 지울 수 없다.

요즘에는 셀프 인테리어 카페나 온라인 몰이 많아서 가격이 비교적 투명해졌는데도 종래의 구시대적 관행을 탈피하지 못하는 상점들이 여전히 많다는 것은 안타깝다. 하지만 정직하게 장사하는 상점을 잘 찾는다면 온라인 가격보다 가성비 있는 가격으로 실물을 확인하고 구매할 수 있다. 주로 셀프 인테리어 커뮤니티에서 회자되는 가게들이 그런 곳들이다.

을지로 방산시장과 논현동의 자재상, 그 외 시공 서비스 및 각종 용역 견적을 받으면서 가장 재미있었던 것은 'VAT 별도' 시스템이다. 예컨대 을지로 한 가게에 들어가 문고리를 산다고 하자. "얼마예요?"라고 물어봤을 때 8000원이라고 답변한다면 이는 현금가를 말하는 것이다. 카드를 꺼내는 순간 VAT 별도라며 8800원을 결제하는 상인들을 심심찮게 만날 수 있다. 즉 이들과 거래에서 오가는 모든 가격은 세금을 제외한 가격이라고 보면 마음이 편하다. 몇몇 식당 등을 제외하고 우리가 일상생활에서 구매하는 용역과 서비스가 대부분 세금이 포함된 가격을 기준으로 거래되는 것을 생각하면 재미있는 대목이다.

이들은 'VAT 별도'라는 식으로 암묵적으로 현금 거래 관행을 이어오고 있으며, 셀프 인테리어 등을 위해 시장을 찾는 소비자에게 은연중에 현금 결제를 유도하기도 한다. 언뜻 거부감이 들기도 하지만 워낙 오래전부터 자리 잡은 관행이기에 소비자 한두 명이 시장 풍습을 바꾸기란 쉽지 않다. 선택은 각자의 몫이다. 투명한 거래를 선호하면 카드를, 조금이라도 비용을 아끼고 싶다면 현금을 들고 다니자. 개인적으로는 VAT를 포함한 가격으로 카드 거래를 하거나 현금영수증을 끊는 것이 건전한 시장 문화 확립에 기여하는 것이라 생각한다.

타일 운반과 양중

타일 운반차가 도착하면 양중이 시작된다. 운반비도 무시할 수 없는데, 일례로 인천에서 구매한 타일을 서울 성북구 안암동까지 운송하고 양중하는 데만 18만 원의 견적이 나왔다. 더욱이 현장은 아파트 각 층에 엘리베이터가 서지 않는 구조로, 계단참마다 서서 층을 올라가거나 내려가서 현관에 들어가야 했기에 양중팀은 반 계단씩 내려와 한 박스씩 일일이 손수 집 안으로 날랐다. 수고비 2만 원을 더 드리면서 20만 원의 지출이 발생했다. 양중팀이 1층에서 엘리베이터로 우리 현장까지 타일과 부자재를 나르는 데 꼬박 1시간 30분이 소요됐다.

특별한 기술 없이 짐을 운반하는 것뿐인데 시간당 임금이 너무 비싸다고 생각하는 사람도 있겠지만, 40kg짜리 레미탈 포대를 쥐고 계단

화장실 하나와 다용도실 하나, 현관 바닥과 주방 벽 부분에 부착할 타일과 부자재가 도착했다.

반 층을 내려가는 것이 얼마나 힘든지는 실제로 짐을 날라본 사람만 안다. 레미탈이나 시멘트 포대는 쌀 포대 운반과도 차원이 다르다. 쌀 포대는 손으로 들면 손 모양대로 적당히 들어가서 균형을 잡기 쉬운 반면 레미탈 포대는 양손에서 자꾸 흘러내린다. 게다가 조그만 충격에도 미세한 가루를 흩날리는 데다 심지어 쉽게 터진다. 공용 계단에서 시멘트 포대를 놓쳐 40kg짜리 가루가 펑 터진다고 생각하면 끔찍하다. 운반도 엄연히 기술이다. 소위 '곰방'이라고도 우습게 불리지만, 아무리 사소해 보이는 공정이라도 직접 경험해 보면 몸 쓰는 법을 아는 일꾼들에게 존경심을 느끼지 않을 수 없다.

타일 시공

이유는 모르겠지만 구축 아파트일수록 신축 아파트에 비해 골조의 수평과 수직이 심각하게 뒤틀려 있는 경우가 대부분이다. 아무래도 1980년대와 오늘날 건설 기술이 다른 것이 이유 중 하나일 것이다. 타일 등 다른 공정에서도 골조 자체의 문제가 뜻밖의 스트레스를 유발하는 상황이 많다.

현장의 경우 화장실 벽 아랫부분과 윗부분의 수직 단차가 5cm나 됐다. 이전 공정에서 미장 기술자가 40kg짜리 레미탈을 4포대나 써가며 최대한 수평 수직을 잡아줬음에도 불구하고 말이다. 이 같은 현장 특성 때문에 화장실 벽 타일링은 애초에 압착 시공을 포기하고 시멘트 떠붙임

벽의 단차가 심각했기 때문에 드라이픽스 시공 대신
떠붙임 시공으로 타일링을 했다.

시공으로 방향을 틀 수밖에 없었다. 바닥은 단차를 잡은 다음 압착 시공으로 타일을 붙였다.

타일 도공은 떠붙임 시공을 하면서 벽의 단차를 정말 신경 써서 메워주었다. 이 과정에서 떠붙임용 레미탈 5포, 미장용 레미탈 4포를 사용했을 만큼 자재가 많이 들어갔다. 다행히 결과물은 굉장히 훌륭했다. 화장실의 수평과 수직이 정확히 맞아떨어지면서 아름다워졌다. 물론 가장 튀어나온 부분을 기준으로 벽의 단차를 교정해 나가는 과정에서 화장실 크기가 상하좌우로 줄어드는 것은 어쩔 수 없는 일이다.

주방 싱크대 벽면에도 타일을 붙인다. 주방 벽면 마감은 싱크대 상판 마감재로 쓰이는 인조 대리석, 엔지니어드스톤, 세라믹 등을 그대로 벽까지 감아올려서 처리하는 방법과 일반 타일로 처리하는 방법 두 가지를 주로 많이 사용한다. 예산을 최소화하는 것이 목적이라면 상판 마감재를 벽면으로 감아올리는 방식은 배제한다. 대신 깔끔하고 예쁜 타일을 골라 벽면을 장식한다.

타일 재질도 중요하다. 예를 들어 600mm×300mm 사이즈의 화이트 무광 자기 재질 타일을 선택하면 깔끔한 이미지를 극대화할 수 있는 식이다. 다음 사진은 해당 타일을 사용한 사례다. 사진에서는 잘 보이지 않지만, 자세히 보면 세로 줄무늬가 있어 한층 고급스러운 느낌을 준다.

주방 벽면을 타일로 처리할 때의 장점이 예산과 디자인의 다양성이라면 단점도 분명히 있다. 요리를 하다가 기름이나 소스가 튀기 쉬운 벽면 특성상 꾸준한 관리가 필요하다는 점이다. 특히 무광 자기질 재질 타일의 경우 벽면에 묻은 이물질을 오래 방치하면 이염(이물질의 색이 옮겨 배는 현상)이 나타나기 쉽다. 오염에 강한 엔지니어드스톤이나 인조 대리석 등을 감아올리면 이런 문제를 예방할 수 있지만, 앞서 설명한 것처럼

1. 용타일에서 고른 주방벽 타일
2. 레이저 수평기를 띄워 타일을 붙여나가고 있다.

3. 싱크대 전면부 외에 바로 옆 벽면 전체를 같은 타일로 마감했다.
4. 타일링이 끝나는 부분에는 동색의 PVC 코너 비드를 붙였다. 5. 완성된 주방 사진

타일을 썼을 때의 장점도 많기 때문에 마감은 집주인의 취향에 따라 장단점을 잘 따져서 결정하자.

이처럼 가로세로 길이가 다른 타일을 붙인다면 가로 시공을 할지, 세로 시공을 할지도 미리 생각해 두면 좋다. 이 경우에는 싱크대를 설치했을 때 노출될 타일 면적을 고려해서 가로로 시공했다.

현관 바닥은 재고 떨이 이벤트로 반값 세일을 하는 600mm×600mm 타일을 가져왔다. 현관은 면적은 좁지만 집에 들어서면 가장 먼저 눈에 들어오는 첫인상을 담당하는 공간이다. 따라서 조금이라도 고급스러운 부자재를 선택하길 권장한다. 타일은 여러 가지 디자인과 재질이 있는 만큼 집주인의 개성을 극대화할 수 있는 소재다. 보통 취향을 타지 않는 화이트나 베이지 등의 색상 타일을 많이들 선택한다.

현장의 경우 현관과 마루, 화장실과 마루, 발코니와 마루가 만나는 입구는 인조 대리석 문지방(현장 용어로 흔히 식기 또는 시끼라고도 한다.)으로 시공했다. 인조 대리석이 들어갈 입구의 사이즈를 미리 측정한 뒤, 도기사에서 미리 맞춤 주문해 뒀다가 타일 시공팀이 들어왔을 때 시공을 부탁했다.

총 2만 원이 안 되는 비용으로 현관에 붙일 600각 자기질
타일을 데려왔다.

당초 마루 높이와 12T 두께 인조 대리석 문지방이 정확히 같은 높이로 만나는 이른바 '빡치기' 공법으로 현관 입구를 시공했다. 빡치기란 만나는 부분을 정확히 딱 맞춰 시공한다는 뜻이다. 정확히 같은 높이로 만나면 최상의 결과물을 만들어내지만, 만약 현장 여건상 0.5mm 오차 미만까지 정확하게 높이를 맞추는 것이 어렵다면 문지방 높이를 마루보다 미세하게 높이는 '올라타기' 시공을 하는 것도 나쁘지 않다.

'올라타기' 마감(위), '빡치기' 마감(아래)

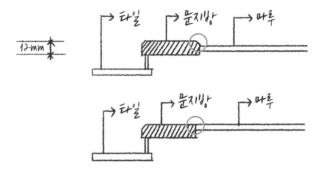

인조 대리석 문지방으로 입구를 마감한 다용도실과
600각 타일로 마감한 현관

도장

도장 공정은 보통 타일 공정 이후, 마루 공정 이전에 진행한다. 페인트 도장을 먼저 하고 타일이 들어오면 타일 커팅이나 붙임 과정에서 도장 벽면이 손상될 수 있다. 타일을 먼저 시공하고 보양만 잘해두면 도장 공정 때문에 타일을 수정할 일은 거의 없다. 현장에서 도장이 필요한 곳은 베란다, 발코니, 화장실 목공 천장이었다. 베란다와 발코니는 수성 페인트, 목공 천장은 친환경 수성 아크릴 페인트로 도장했다.

베란다나 발코니 같은 반 외부공간의 경우 습기나 결로, 누수에 취약하다. 이런 공간 특성을 고려해 적절한 페인트를 골라야 한다. 현장의 베란다 역시 고질적인 결로 문제로 천장 부분이 울어 있었다. 처음에는 가격이 다소 비싸더라도 방습 기능이 있는 탄성 코트 페인트로 시공을 고려했지만, 조금 더 찾아보니 결로의 근본적인 원인이 해결되지 않은 상태에서 탄성으로 시공하면 문제가 재발했을 때 탄성면이 부풀어 오르는 등의 부작용 사례가 많았다.

전문가의 자문 결과 현장의 베란다 천장에 있는 물 자국은 특별한 누수 요인이 있다기보다 세월 속에서 천천히 누적된 결로 흔적이었다. 원인을 뿌리 뽑을 수 있는 문제가 아니라 함께 공생할 수밖에 없다는 결론을 내렸다. 우리는 탄성 코트 시공을 포기하는 대신 저렴하고 가벼운 수성 페인트로 시공하기로 했다. 나중에 결로 자국이 심해질 때마다 비싼 탄성 시공을 반복하기보다는 수성 페인트를 직접 덧칠하면서 사는 게 효율적이라고 판단했기 때문이다.

화장실 천장은 주로 습기에 강하고 내구성이 뛰어난 SMC 돔을 쓴
다. 그러나 현장의 경우처럼 방수 석고로 시공했다면 후공정인 도장 작
업이 매우 중요하다. 화장실은 늘 습기를 머금고 있는 공간인 데다 방수
석고라는 자재 자체가 100% 완벽한 방수를 기대하기엔 무리가 있는 자
재이기 때문이다.

베란다 천장에 오랜 세월 누적된 결로 자국이 심각했다.
운 페인트 자국을 모두 긁어내고 퍼티 밑작업을 꼼꼼히 했다.

화장실 천장은 수성 아크릴 페인트로 시공했다. 천장을 방수 석고로 한 경우
페인트뿐만 아니라 환풍 기능에도 신경을 써야 한다.

따라서 생활 습기에 내성이 있는 페인트로 시공할 필요가 있었고, 고민 끝에 수성 아크릴을 택했다. 처음에는 에나멜이나 유성 페인트 시공도 고려해 봤지만, 시공 과정에서 시너가 쓰이는 까닭에 독한 냄새가 잘 빠지지 않는다는 단점이 있었다. 수성 페인트는 습기를 흡수하는 성질이 있기 때문에 쓸 수 없다.

방수 석고 위에 페인트 시공을 할 때는 퍼티 작업이 특별히 더 꼼꼼하게 들어가 줘야 한다. 그래야 방습력도 향상되고 페인트 도포가 잘 된다. 문제는 작은 집의 경우 도장 일정이 하루라는 것인데, 퍼티를 꼼꼼히 먹일수록 건조 시간이 길어지고 연마가 필요하기 때문에 시간을 잘 배분해서 써야 한다.

마루

어느덧 공정의 80% 정도가 완료되고 마루 시공팀이 들어올 시간이다. 현장에서는 시공할 모델로 영림임업의 강마루 신제품 세라 브라운워시A 제품을, 걸레받이는 4전(40mm)짜리 높이에 영림몰딩의 백색 필름 'PS120' 컬러를 입힌 제품으로 미리 주문해 뒀다.

문제는 마루 공정을 하루 앞두고 예전 목공팀이 시공한 곳에서 새로운 하자를 발견했다는 점이다. 거실 가벽과 현관 가벽이 기역(ㄱ) 자로 만나는 곳의 각도가 미묘하게 90도를 벗어나 있었다. 아무리 목수가 각도를 잘 잡는다고 해도 가벽과 가벽이 만나는 곳에서 흔히 발생할 수 있는 문제다. 벽과 바닥 자체의 수직 수평이 맞지 않아 직각이 나오지 않을수도 있고, 가벽에 이어진 다른 벽면들이 미세하게 수직이 틀어지면서 눈에 보이는 경우도 있다.

공정 직후에 발견했다면 가장 좋았겠으나 미세한 문제일수록 며칠이 지나고서야 발견되는 경우가 부지기수다. 웬만한 사람이라면 그냥 모르고 생활할 수도 있을 정도의 문제였지만 발견한 이상 수정을 하기로 했다.

다행히 목수님 한 분이 이날 아침에 와서 현장을 봐주기로 했다. 문제의 시공을 한 목수님은 단열 작업을 했던 업체 소속의 목공팀인데, 일부러 약간의 추가 시공비를 지불해서 일을 월등하게 잘했던 다른 목공팀에게 SOS를 쳤다. 목수님은 현장을 보시더니 1시간 30분 정도면 가벽을 수정할 수 있다고 했다. 마루와 어쩔 수 없이 공정이 겹치게 돼 마루 작업자에게 양해를 구했다. 목수가 현장을 수정할 동안 마루 작업자는 강마루 조각들을 재단하면서 시간을 벌어주었다.

이런 수정 작업들로 인해 셀프 인테리어를 하다 보면 비용이 점점 불어난다. 지나간 공정 기술자를 한 번 더 부를수록 그만큼 인건비 지출을 감내해야 한다. 만약 자체 목공팀이나 잔손 인력을 갖춘 인테리어 업체에 맡긴다면 문제 해결이 쉬워진다. 하지만 모든 시공 기술자를 하나하나 구해야 하는 셀프 인테리어는 한 번이라도 공정 순서가 어긋나거나 시공 문제가 발견되면 추가 지출로 직결된다.

하자가 생기는 경우 문제를 일으킨 기술자에게 수리를 부탁하면 간단한 게 아니냐고 생각할 수도 있다. 그러나 현실은 녹록지 않다. 특히 일회성 공사인 셀프 인테리어 현장에서는 본인을 재고용할 가능성이 거의 없기 때문에 하자 수리에 다양한 핑계를 대며 소극적으로 나오는 경우가 대부분이다. 어렵게 재시공을 맡긴다고 해서 100% 만족할 만한 결과물을 내놓는 것도 아니다. 단열 목공팀은 본인들이 시공하는 기간에도 천장을 두 번이나 뜯게 했고, 가벽 일부를 두 번이나 수정하게 했다. 비용을 들여서라도 믿을 수 있는 다른 해결사를 부르기로 결정한 이유다.

전 공정의 문제를 해결하고 나서 본격적인 마루 공정이 시작됐다. 약 30평 내외 면적의 아파트에 마루를 까는 데 기술자 한 사람이 진행하는 경우 하루가 꼬박 걸린다. 우리 현장의 마루는 바닥 샌딩을 미리 해뒀는데도 100% 평탄화를 달성하지 못했다. 이 때문에 마루 시공하시는 분이 애를 먹었다. 단차가 낮은 곳은 본드를 붙여도 마루 조각이 바닥에서 살짝 뜨기 때문에 시멘트 포대 자루나 페인트 통을 올려두고 하중을 가하면서 접착력을 높여야 한다. 마루 시공이 끝나자 함께 주문해 둔 40mm 걸레받이를 벽을 따라 두르고 투명 실리콘으로 깔끔하게 마감했다.

강마루 시공을 할 때는 생각보다 소음이 많이 발생한다. 본드로 강마루 조각을 붙인 후에도 접착력과 결속력을 높이기 위해 고무망치로 바닥을 계속 두드리면서 작업하기 때문이다. 아래층 입장에서는 하루 종일 천장에서 망치 소리가 울려대니 기분이 좋을 리가 없다. 상황에 따라 마루 공정 기간을 집중 소음 발생일로 미리 안내해 두거나, 전날 아랫집 이웃을 찾아가 한 번 더 양해를 구하는 센스가 필요하다.

결과물은 대체로 멋지게 나왔다. 다만 마루 제품 자체의 질이 기대보다 좋지 않았다. 쇼룸에 갔을 때 샘플로 확인했던 모델과 달라 보일 정도였다. 특히 샘플의 질감은 원목 느낌이 날 정도로 고급스러웠지만, 시공 당일 도착한 마루 제품은 그렇지 않았다. 따라서 샘플을 100% 맹신하

목공팀이 가벽을 수정할 일이 생기면서 마루 공정과 작업일이 겹치는 불상사가 발생했다.

는 것은 위험하다. 이런 문제를 원천 방지하려면 마루 모델을 확정하기 전에 기시공된 현장을 어떻게든 찾아내 직접 눈으로 느낌을 확인하는 게 가장 좋다. 물론 결코 쉬운 일은 아니다. 차선책으로는 샘플을 직접 보고 실제 시공 사례를 사진으로라도 충분히 찾아본 다음 최종 모델을 확정하는 방법이 있다.

또 하나의 팁이 있다면, 마루는 시공을 완료하고 나면 샘플로 봤을 때보다 한 톤 밝아지는 감이 있다. 햇빛 등 자연광을 받으면서 톤 업 효과가 나는 것이다. 마루 색상을 고를 때는 이를 감안해서 원하는 느낌보다 한 단계 진한 것으로 고르면 될 듯하다.

마루 공정이 끝나면 보양을 진행한다. 이후 공정이 진행되면서 바닥이 오염될 수 있기 때문에 구석구석 꼼꼼히 시공면을 감싸야 한다. 현장의 경우 보양재 두 롤을 구매했더니 마루 부분을 보양하고도 남았다. 마루 시공자에게 웃돈을 주고 보양 서비스까지 요청할 수도 있다. 단, 비용을 아끼려면 직접 마스킹테이프와 보양재를 사와서 셀프 보양을 하면 된다.

BOX 6

강마루와
강화마루

강마루는 마루판과 바닥면을 본드로 고정하는 접착 방식이고, 강화마루는 마루판과 마루판을 맞물리는 조립 방식으로 시공한다. 일반적으로 강화마루가 조금 더 저렴하다. 과거에는 강화마루 시공도 인기가 많았으나 요즘엔 강화마루 시공 방식의 여러 단점 때문에 강마루 시공이 더 보편화됐다. 강화마루의 대표적인 단점은 조립판 고정이 완벽하지 않기 때문에 생활하면서 들뜨거나 밀릴 수 있다는 것이다.

강마루보다 고가의 시공 자재는 원목마루가 있다. 보통 강마루는 자재와 시공까지 평당 11만~20만 원 선이지만 원목마루로 할 경우 평당 20만 원대(중국산 OEM)부터 100만 원대(유럽 브랜드)까지 자재에 따라 가격이 천정부지로 올라간다.

강마루도 다 같은 강마루가 아니다. 겉으로 노출되는 필름 아랫부분이 MDF(보드) 재질이냐 합판 재질이냐에 따라 경도와 내구성 등에서 차이가 난다. 합판은 MDF에 비해 물러서 찍힘에는 약하지만, 습도와 내구성이 강해 일반적으로 더 선호된다고 한다.

우리는 강마루 시공을 결정한 후 마루 샘플을 보기 위해 이건마루, 구정마루, 노바마루, 영림임업 등 대표적인 마루 업체의 쇼룸을 둘러보았다. 최근에는 강마루라고 하더라도 원목마루 못지않게 텍스처와 질감을 살린 좋은 제품들이 많이 나오고 있고, 120mm 이상의 광폭 모델도 많이 나오고 있어 선택의 폭이 다양했다. 우리는 영림임업의 강마루 라인 가운데 세라

주요 마루 업체 쇼룸을 방문하면 다양한 마루 샘플을 직접 확인할 수 있다.

브라운워시A 모델을 선택해 시공 견적을 받았고, 평당 12만 3천 원 정도의 견적서를 받았다.

강마루로 시공을 계획하면서 걱정했던 부분은 현장의 거실·주방 등 공용부가 각 방에 비해 단이 4~5mm 정도 높다는 점이었다. 주로 장판 시공을 했던 과거에는 이런 단차가 별로 문제가 되지 않았다. 공용부와 방이 문턱으로 뚜렷하게 구분돼 있었기에 차이는 더욱 눈에 띄지 않았다. 그러나 문턱을 없애고 방과 거실, 주방을 하나의 공간처럼 보이도록 텄더니 기존 바닥의 단차는 치명적이었다. 마루 전문 철거 업체를 불러 샌딩을 맡기는 것으로 해결책을 찾았다. 마루 업체 작업자들은 방독면을 쓰고 엄청난 분진을 흩날리면서 거실과 주방 공용부 방통을 약 3~4mm 삭제했다. 그래도 단차를 완전히 맞추는 것은 불가능했다.

만전을 기하기 위해 샌딩 작업 후 영림 본사에 현장 방문을 부탁해 강마루 시공이 가능한지 물어봤다. 직원이 마루 상태를 꼼꼼히 살피고 나서는 본드로 단차를 메우면서 시공할 수 있다고 말했다. 다만 단차가 상대적으로 두드러지는 방과 공용부 경계 부분은 생활하다 보면 들뜸 현상이 발생할 수 있는데, 그때 후조치로 본드를 주입하면 해결할 수 있다고 했다.

이렇게 현장에 조금이라도 변수가 발생할 여지가 있다면 마루 대리점이나 연계된 시공업체에 요청해 반드시 방문 견적을 받아보는 것을 추천한다. 마루 시공은 비쌀뿐더러 현장 여건에 따라서 시공이 가능한 제품과 불가한 제품이 있으므로 돌다리도 두드려보고 건너자.

마루 종류별 장단점 한눈에 살펴보기

		장점	단점
강마루		내구성이 뛰어나다. 열전도율이 좋다.	보수 및 철거 작업이 어렵다.
강화마루		내구성과 유지력이 뛰어나다. 가격이 저렴하다.	진동 및 소음 차단 성능이 떨어진다. 습기에 약하다.
원목마루		고급스러운 분위기를 연출할 수 있다. 질감이 부드럽고 쿠션감이 뛰어나다.	가격이 비싸다. 내구성이 약하다.
장판		가격이 저렴하다. 소음 차단이 뛰어나다. 열전도율이 좋다. 유지 관리가 간편하다.	고급스러운 분위기를 조성하기 어렵다. 형태가 쉽게 변형된다.

필름

필름 공정은 자재비보다 인건비가 큰 비중을 차지한다. 1품에 25만 원 정도로 금액 자체가 높지는 않으나 한 사람이 하루에 작업할 수 있는 양이 생각보다 많지 않기 때문이다.

우리 현장은 거실과 방 3개의 창호 부분, 현관문 부분에 필름 작업을 하기로 했다. 마음 같아선 그 외에도 필름 작업을 추가하고 싶은 부분이 많았지만, 작업자 한 명이 하루 정도에 끝낼 수 있는 일감으로 맞췄다. 예 컨대 처음에는 신발장 등 기존 가구의 필름 리폼도 고려했지만, 리폼 비 용보다 새 가구로 교체하는 비용이 더 저렴해 포기했다.

창호는 필름 리폼을 가장 많이 하는 부분이다. 특히 우리 현장처럼 내부 창호를 교체하지 않고 석고 가벽을 시공한 경우 가벽 마감이 창호 보다 튀어나온다. 이 경우 창호와 가벽 사이에 MDF를 돌려 창턱을 만들

단열재를 넣고 석고 가벽으로 마감하면서 벽 두께가 창호와의 단차만큼 튀어나왔다. 이 부분을 매끄럽게 마감하기 위해 흰색 창호 둘레로 MDF를 둘러 회색 석고 가벽과 경계를 만들었다.

어주고, MDF와 창호는 같은 종류의 필름으로 감아서 마감하면 된다. 우리는 건축주의 의견을 따라 MDF만 창호와 같은 흰색 필름을 맞춰 감싸고 창호는 PVC 그대로 놔두기로 했다.

현관문 필름 작업도 진행했다. 철문은 오래된 연식에 울퉁불퉁해서 필름이 예쁘게 나오지 않을 것 같았다. 교체를 권유했지만 건축주의 의견에 따라 기존 문을 재활용하기로 했다. 내부 면과 문선에 필름 작업을 하고 클로저와 스토퍼, 도어록을 교체했다. 필름 기술자들이 현관문 작업을 할 때 고생을 많이 했다. 문짝에 요철이 너무 많아서 퍼티를 짱짱하게 먹여 최대한 평평하게 밑작업을 하는 데 상당한 시간을 할애했다. 그 위를 베이지색 필름으로 감싸니 흡사 새것 같아졌다.

현관문 필름은 최근 밝은 아이보리나 크림색 같은 화사한 색깔이 인기를 얻고 있다고 한다. 불과 얼마 전까지만 해도 진회색이나 네이비 등

오래된 현관문에 필름을 씌워 리폼하고 도어록을 다니 새 현관문처럼 바뀌었다.

짙은 컬러가 대세였지만 트렌드는 빠르게 바뀐다. 사진 역시 대세를 따라 밝은색 필름으로 현관문 작업을 진행한 모습이다.

필름은 일반적으로 도배 전에 들어온다. 창호나 문선 등에 먼저 필름으로 마감을 해두면 그 위를 벽지로 덮어서 가장 깔끔하게 마감할 수 있기 때문이다. 필름은 간단한 공정 같지만 의외로 도배 못지않게 작업자의 숙련도가 중요하다. 퍼티와 샌딩 등 밑작업을 게을리하지 않는 작업자여야 하고, 좁은 틈새도 구석구석 꼼꼼히 마감하는 실력을 갖춰야 한다.

필름 색상을 확인하는 가장 손쉬운 방법은 '현대L&C'와 '삼성필름' 온라인 홈페이지에서 인테리어 필름 샘플북을 내려받는 것이다. 직접 컬러를 확인한 후 고르고 싶다면 각 지역 대리점에 방문하거나 을지로 방산시장에 필름만을 전문적으로 판매하는 가게들을 찾아가면 된다. 이곳에서 컬러북을 참고해 제품을 주문하고 시공자를 연계해 달라고 해도 되고, 혹은 네이버 카페 등에서 시공자를 먼저 구한 후 필름 브랜드와 색번을 말해주고 구매를 부탁해도 된다. 좀 더 다양한 선택지를 확보하려면 을지로 방산시장뿐만 아니라 인천 남동공단에 소재한 영림홈앤리빙 인천갤러리까지 방문해 보길 추천한다.

영림홈앤리빙 인천갤러리 인테리어 필름 코너. 각 지역 대리점에서 구비하고 있는 컬러북을 확인하고 필름 색상을 고르면 된다.

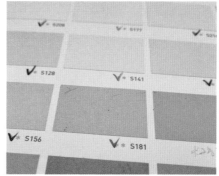

도배

도배는 마루와 함께 마감재의 가장 넓은 면적을 차지하는 중요한 공정이다. 단열도 잘하고 목공에서 골조도 잘 잡았는데 막상 도배에 실패하면 전체가 잘못된 것처럼 보인다. 그만큼 계속 눈에 보이는 부분이기 때문이다. 한번 도배를 잘못해서 벽지가 울기 시작하면 처음부터 다시 시공하지 않는 이상 완벽히 수정하기도 어렵다. 저녁에 간접 조명이라도 벽면에 비추면 요철은 훨씬 더 눈에 띈다.

도배 방식 중 무몰딩 도배는 최고 난이도를 자랑한다. 몰딩을 기준으로 나뉜 벽면을 각각 마감하는 기존 도배 방식과는 달리 몰딩 없이 천장 도배지와 벽 도배지가 곧바로 만나는 무몰딩 도배는 하자가 많을 수밖에 없다. 애초에 무몰딩 도배를 해달라고 하면 거절하는 도배사도 많다. 그러나 우리 현장의 경우 무몰딩 도배를 선택했고, 실력 있는 도배사를 찾기 위해 발품을 많이 팔았다. 퍼티와 초배 작업을 꼼꼼히 진행해 마치 도장 벽과 같은 마감 퀄리티를 구현하는 것이 목표였다.

답은 발품, 손품밖에 없다. 혹시 무몰딩 도배를 하기로 마음먹었다면 인기통 카페에서 시공 후기를 꼼꼼히 읽으며 평판이 좋은 도배팀 리스트를 미리 만들어 두자. 온라인에서 입소문이 난 업체들은 이미 예약 일정이 몇 달 후까지 잡혀 있기 때문에 현장을 맡아줄 팀을 쉽게 구하기 어렵다. 을지로에 무수히 많은 벽지 가게에 대한 시공 후기도 꼼꼼히 검색한다. 가게가 많은 만큼 후기로만 옥석을 골라내기란 쉽지 않다. 필자는 몇 군데 발품을 팔고 도배 견적을 받은 후, 무몰딩 전문 도배팀을 갖고 있고

무몰딩 시공을 위해 천장과 벽이 만나는 곳마다
각재를 댄 후 퍼티 작업을 하고 있다.

퍼티 작업 후에는 부직포, 삼중지 등을 활용한
초배 작업을 통해 면 정리를 한 번 더 한다.

BOX 7

띄움 시공이란?

띄움 시공은 초배지를 바를 때 벽면 전체가 아닌 가장자리에만 본드를 칠해서 부직포를 붙이고, 그 위에 풀칠한 벽지를 붙이는 방식이다. 품이 많이 들지만 깔끔한 마감이 나온다. 실크 벽지 등 고급 벽지를 시공할 때 많이 쓰인다.

합리적인 견적을 제시한 곳과 최종 계약했다.

우리 현장은 목공 과정에서 목수가 썼던 에어 타카 자국이 큰 편이라(오래된 에어 타카를 가지고 다니셨다.) 도배가 이런 자국들을 잘 커버할 수 있을지 걱정이 많았다. 또 일부 천장재 마감을 합판으로 했기 때문에 이 부분을 잘 처리하는 것도 중요했다. 이런 특이사항이 있는 경우에는 작업반장님께 주의 사항을 전달하고 퍼티와 초배 작업을 더 꼼꼼하게 해달라고 따로 부탁하는 것이 좋다.

도배는 총 3일간 10품의 작업량이 투입되었다. 첫날과 둘째 날엔 퍼티와 면 정리, 모서리 각재 대기, 초배 등 밑작업이 이뤄지고 실크지 도배는 대부분 마지막 날 진행한다. 몰딩 없이도 깔끔한 벽 마감을 구현하려면 무엇보다 모든 모서리가 한 치의 오차도 없이 직각으로 맞아떨어지는 것이 중요하다. 도배팀은 천장과 벽, 벽과 벽이 만나는 부분마다 기역(ㄱ)자 모양의 빳빳한 각재를 대서 이른바 '칼각'을 살려줬다.

도배는 마무리 점검 단계가 가장 중요하다. 특히 천장과 같은 부분에 벽지가 들뜨거나 하는 현상이 있다면 시공 당일에는 발견하지 못하고 넘어가는 경우도 많다. 시공이 끝나면 꼼꼼히 검수하고, 재시공이 필요한 부분은 시공팀이 떠나기 전에 피드백을 주고 함께 해결책을 강구해야 한다.

초배 작업 후 실크 벽지를 붙여나가는 모습

무몰딩 도배의 결과물

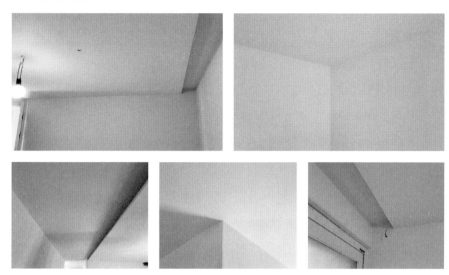

BOX 8

합지와
실크 벽지

보통 도배를 하면 실크 벽지와 합지 중에서 벽지를 선택하는데, 각각 특성이 다르다. 합지는 크게 광폭 합지와 소폭 합지로 나뉜다. 쉽게 종이 벽지라고 생각해도 된다. 시공 후에 이음매가 보일 수 있고 오염에 약하다. 광폭 합지는 단위 폭이 넓은 것, 소폭 합지는 폭이 좁은 합지를 말한다. 당연히 소폭일수록 시공이 간편하고 가격이 저렴하지만, 시공 후에 광폭보다 이음매가 더 많이 눈에 띈다.

실크 벽지는 PVC 코팅이 된 벽지다. 오염원이 묻었을 때 물걸레로 살짝 닦아내면 금방 지워지기 때문에 합지보다 오염에 강하다. 합지에 비해 정교한 시공이 가능하기 때문에 무몰딩이나 마이너스 몰딩을 하는 경우 대부분 실크 벽지를 이용한다. 다만 실크 벽지 시공을 하려면 바탕면이 좋아야 한다. 합지를 시공할 때는 초배지 작업을 한 번만 하거나 건너뛰는 경우도 있지만, 실크 벽지 시공으로 제대로 된 결과물을 얻으려면 퍼티 작업과 초배지 작업을 곁들이는 것이 정석이다. 당연히 더 많은 시공 시간과 품이 들기 때문에 일반적으로 합지 시공보다 더 많은 자재비와 인건비가 든다. 벽지 가격도 합지에 비해 비싸다.

마루 종류별 장단점 한눈에 살펴보기

		장점	단점
합지		시공과 보수가 간편하다.	이음매가 드러나고 오염에 약하다.
실크 벽지		오염에 강하고 내구성이 뛰어나다.	가격이 비싸다.
기타	**방염 벽지** : 실크 벽지 위에 방염 처리를 한 벽지로, 화재로 인한 피해를 방지하기 위한 목적으로 쓰인다.		
	뮤럴 벽지 : 다양한 그림과 색상을 넣어 맞춤 제작할 수 있는 벽지다. 기간이 오래 걸리고 가격이 비싸다.		
	친환경 벽지 : 한지, 옥수수, 황토, 라벤더 등 자연 재료로 만든 벽지.		
	패브릭 벽지 : 의류에 사용되는 섬유 소재를 사용해 따뜻한 촉감과 다양한 패턴을 연출할 수 있는 벽지.		
	폼 블록 벽지 : 폴리에틸렌(PE) 폼으로 두껍게 만들어 단열 및 방음 효과를 높인 벽지.		

도기

　도기를 정할 때 가성비를 최우선으로 둔다면 아메리칸 스탠다드나 대림도기 같은 브랜드 도기는 예산에 맞지 않는다. 심지어 최근 브랜드 도기들이 일제히 10~20% 가격 인상을 단행했다. 도기 값이 해가 갈수록 비싸지는 이유다. 다행히 요즘에는 이름난 브랜드 도기 못지않게 수준이 올라온 중국산 OEM 저가 브랜드 도기들이 많다. 을지로 방산시장에는 아메리칸 스탠다드 등을 저렴하게 취급하는 것으로 유명한 도기사들이 몇 군데 있다. 대표적으로 을지로 대일도기사와 계림요업 대리점으로 잘 알려진 을지로3가 영창비앤코가 있다.(현재는 이전했다.)

　이 중 영창비앤코는 타일뿐만 아니라 다양한 도기 제품을 많이 구비하고 있다. 필자는 이곳에서 인토(Into) 계열 저가 브랜드인 미라클(Miracle) 브랜드의 긴다리 세면대와 원피스 양변기를 각각 8만 원, 20만 원에 구매했다. 슬라이드 장은 미리 측정해 간 크기로 주문 제작을 의뢰했고, 원형 거울도 주문했다. 수전 역시 가격은 저렴하지만 싸구려처럼 보이지 않는 서스(스테인리스) 소재로 통일했다.

　도기, 수전, 거울장, 각종 액세서리까지 총 77만 원의 저렴한 가격에 쇼핑할 수 있었다. 웬만한 아메리칸 스탠다드 양변기 하나에 맞먹는 가격으로 화장실에 필요한 비품 전부를 산 셈이다. 도기 설치 기술자도 도기사에서 소개받으면 편하다. 운송과 양중까지 포함해 25만 원에 부탁드렸다. 업계에서 이름난 타일집이나 도기 판매점에서 연계해 주는 기술자들은 대개 실력을 검증받은 이들이라 다른 경로로 직접 수소문하는 것보

양변기, 세면기, 샤워 부스가 설치될 곳의
사이즈를 도면에 표기했다. 도기별로
사이즈가 상이하기 때문에 계획한 공간에
맞는 크기의 도기를 구매해서 설치해야 한다.

세면기와, 양변기, 슬라이드장을 설치하기 위해
타일 시공 후 각 공간의 사이즈를 재고 있다.

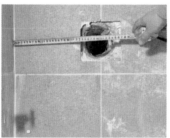

(왼쪽) 정확히 계획한 위치에 도기를 설치하고 있다.
(오른쪽) 재탄생한 화장실

다 낫다. 평균적인 품값에 믿고 맡길 수 있다.

사실 한정된 예산으로 저렴해 보이지 않는 시공을 하려면 타일이나 도기, 액세서리나 조명, 스위치 같은 소품들에 돈을 아끼지 않는 게 좋다. 화장할 때와 비슷한데, 립스틱만 괜찮은 고가 브랜드 하나로 마무리해도 전체적인 분위기가 고급스러워지는 것과 같다. 현장의 경우 건축주의 선택에 따라 비교적 저렴한 것들로 골랐지만 아메리칸 스탠다드급으로 올려도 도기 구매는 총 200만 원 내에서 해결할 수 있을 것이다. 소신과 취향에 따라 선택하면 된다.

도기를 설치할 때는 화장실에서 도기를 설치할 각 공간의 넓이와 도기 사이즈를 정확히 재서 도면에 표기해 두는 것이 좋다. 예컨대 세면대를 설치할 때는 벽에서 유가 사이의 거리, 양변기를 설치할 때는 벽에서 오수관과의 거리 등을 먼저 측정해야 한다. 실측 자료를 바탕으로 필요한 도기 사이즈를 가늠한 다음 도기사에 가서 제품을 고르면 된다.

일반적으로 양변기를 설치할 때는 벽에서 오수관과의 거리를 30cm는 확보해야 대부분의 모델을 시공할 수 있다. 만약 이보다 거리가 짧거나 길다면 편심 등의 부자재를 추가로 구매해 설치를 완료할 수 있다. 하지만 편심을 썼을 경우 양변기 물을 내릴 때 막히거나 냄새가 나는 등 문제가 발생할 수 있어 가능하면 이를 사용하지 않고 설치가 가능한 모델을 찾는 것이 더 좋다.

도기를 설치한 후에는 실리콘을 쏴서 고정하기 전에 꼭 설치된 제품들의 수평 수직이 맞는지 줄자로 재어 확인해야 한다. 눈대중으로는 맞았는데 실제론 삐뚤게 설치되는 경우가 은근히 많다. 설치사가 작업을 마치고 현장을 떠나기 전에 수정할 곳은 수정을 부탁드리자.

도기의 종류별 특징

욕조

SMC 욕조	 가장 일반적인 형태로 플라스틱 재질이다. 내구성이 뛰어나고 가격이 저렴하지만, 무게감이 떨어져 사용 시 주의가 필요하다.
조적 욕조	 벽돌로 욕조 형태를 만들고 타일을 씌운 형태다. 내구성이 매우 뛰어나고 디자인이 훌륭하다. 그러나 일반적인 공동주택에서는 시공하기 어렵고 가격이 비싸다.

세면대

긴다리형	 다리가 바닥까지 길게 닿아 있는 형태의 세면기이다. 가격이 저렴하지만 청소 및 관리가 비교적 어렵다.
반다리형	 흔히 벽부형이라고 부르며 세면기 다리가 중간까지만 있는 형태다. 배수관이 벽 매립형일 때 사용되며, 관리가 쉽지만 가격이 비싸다.
탑볼형	 하부장 위에 세면대를 올려놓은 형태다. 배수관의 위치와 상관없이 설치할 수 있고 수납 공간을 확보할 수 있으며 디자인적으로 아름답다.

변기

원피스형		물탱크와 보디가 일체형 구조인 양변기다. 청소 및 관리가 간편하고 디자인적으로 아름답지만, 수압이 약하고 가격이 비싸다.
투피스형		물탱크와 보디가 분리된 형태의 양변기다. 수압이 강하지만 그만큼 소음이 크고, 청소가 어렵다. 원피스형보다 가격이 저렴하다.
벽부형		물탱크를 벽에 매립한 형태의 양변기다. 욕실 바닥과 떨어져 있기 때문에 공간이 넓어 보이고 디자인적으로 아름답다. 그러나 배관 공사가 복잡하며 그만큼 가격이 비싸다.

가구와 조명

    인테리어 후반부의 대미를 장식하는 것은 가구 설치와 조명이다. 가구는 주로 싱크대, 신발장, 드레스룸 같은 것들을 말한다. 공사가 거의 다 끝나서 가볍게 생각할 수도 있지만 싱크대와 아일랜드, 신발장 정도로 최소한의 가구 설치만 진행하더라도 현장에 자재를 일일이 운반해 맞춤 작업을 한다면 하루가 꼬박 소요되는 일이다.

한땀 한땀 맞춤 설치를 하고 있다.

가구 비용을 아끼는 것 역시 발품이 생명이다. 의외로 저렴한 제작 공장을 찾는 게 쉽지 않다. 인건비 자체가 많이 올랐기 때문이다. 필자는 결국 지인 할인을 받아 한샘 제품을 선택했는데, 할인 폭이 괜찮아서 일반 공장에서 제시한 견적과 큰 차이가 나지 않았다. 무광 페트(PET)와 인조 대리석 싱크대, 아일랜드, 신발장 등 각종 가구 설치를 총비용 400만 원 이내에 마무리했다.

더 저렴한 견적을 원하면 하이글로시나 LPM 등으로 가구 자재 사양을 내리면 된다. 그러나 마냥 싸고 좋은 것은 없다. 저렴한 자재는 사용 연한에 따라 쉽게 변색되거나 내구도가 떨어지기 십상이다. 가성비 전략에 딱 맞는 소재가 무광 PET였다. 이보다 자재 사양을 업그레이드하고 싶다면 페닉스나 도장 등으로 올라가면 된다. 인조 대리석보다 비싼 상판 자재로는 세라믹과 엔지니어드스톤 등이 있다.

가구 설치를 마친 후에는 다시 전기 작업자가 들어온다. 구매한 자재를 전달하면 전선을 미리 빼둔 자리에 조명과 콘센트, 스위치 등의 부자재를 각각 설치해 준다. 조명과 부자재 역시 을지로에서 구매했는데, 총 견적 100만 원 이내에서 모든 조명(직부등, T5 간접 조명)과 스위치, 콘

조명은 인테리어의 꽃이다.

센트 구매를 완료했다. 스위치와 콘센트는 르그랑 브랜드의 화이트 컬러로 통일했다. 르그랑 가운데서도 비싼 사양인 아테오 제품을 공용 공간에 달고, 상대적으로 저렴한 아펠라 제품을 전용 공간에 설치해 총 견적을 가성비 있게 조절할 수 있었다.

조명은 인테리어의 꽃이라고 했다. 가구가 들어온 후 조명을 일제히 켜자 집이 한층 고급스럽게 변했다. 메인 조명으로 다운라이트보다 직부등을 선택했기에, 아쉬운 마음에 4000k 간접 조명을 거실과 주방, 방마다 설계했는데 분위기를 자아내는 데 한몫했다.

대표적인 오프라인 조명 구매처 비교

가구나 다른 시공 자재도 마찬가지지만, 조명 역시 '재고 떨이' 등의 할인 기간을 잘 이용하면 고급스럽고 좋은 조명을 저렴하게 구매할 수 있다. 조명은 디자인이 가장 다양한 인테리어 요소 중 하나다. 따라서 손품, 발품을 파는 만큼 내 집에 잘 맞는 예쁜 조명을 들일 수 있다. 이케아 또는 해외 브랜드 직구 등 여러 경로를 이용해서 인테리어의 마무리를 아름답게 지어보자.

을지로 조명거리	주로 국내 제품을 취급한다. 상대적으로 저렴한 제품이 많다.
논현동 조명거리	주로 해외 제품을 취급한다. 상대적으로 비싼 고급 제품이 많다.

실리콘 시공

가구와 조명을 설치하고 준공 청소까지 마치면 이제 진짜 마지막 공정만이 남는다. 바로 실리콘 시공이다. 실리콘 시공은 주로 이질적인 마감재가 만나는 부분에 실리콘을 쏴서 마감 완성도를 높이는 공정으로 흔히 '코킹'이라고 부른다.

여러 가지 종류의 실리콘이 있지만 실내 인테리어 마감 작업에서 많이 쓰이는 제품은 바이오실리콘과 무초산형 실리콘 등이다. 바이오실리콘은 부엌과 화장실 등 물기가 닿는 곳에, 무초산형 실리콘은 그 외 건자재 마감에 사용하면 된다. 새시와 유리, 걸레받이와 마루, 걸레받이와 벽면 등이 만나는 부분에 주로 도포한다.

내외부 코킹을 같은 날에 진행했다.

간혹 실리콘 시공비를 절약하기 위해 실리콘 건과 실리콘 헤라 등을 사서 직접 코킹을 하는 셀인러들이 있는데 의외로 초보가 하기 쉽지 않다. 숙련자 인건비와 자재비 25만 원 정도로 반나절 안에 실리콘 시공을 할 수 있다. 가구, 창호, 마루 마감 부분 등에 특히 신경 써서 내부 코킹을 진행하면 된다.

오래된 아파트라면 외부 코킹 작업도 반드시 고려하길 바란다. 외부 코킹은 내부 코킹 기술자가 함께 시공하는 경우가 있지만 보통은 전문업체가 따로 있다. 외부 코킹 작업자들은 옥상에서 안전줄을 타고 내려와 아파트 외벽에서 새시와 외벽이 만나는 틈새 공간에 실리콘 도포 작업을 한다. 매우 위험한 작업이라 내부 코킹보다는 비용이 더 많이 든다. 우리 현장은 창호를 교체하지 않았기 때문에 외부 코킹 시공을 약 40만 원 정도에 맡겼다.

준공

드디어 준공이다. 짧다면 짧지만 길다면 긴 4주간의 장정이 끝났다. 집 하나를 완전히 새롭게 탈바꿈하는 데 걸린 시간이 4주라고 하면 짧게 느껴질 수도 있고, 4주 동안 일어났던 여러 사건 사고와 과정, 이웃의 민원 등을 고려하면 꽤 긴 시간이 지났다고 여길 수도 있을 것이다.

최근에는 이러한 전체 인테리어 사례가 많기 때문에 책에서 다룬 공정 말고도 특별하거나 고난도의 공정이 추가되는 경우도 있다. 모든 것이 건축주의 판단으로 결정된다는 점을 꼭 잊지 말아야 한다. 따라서 셀프 인테리어가 아니더라도, 인테리어에 문외한이라고 해서 작업자나 담당자에게 일을 모두 맡기기보다는 인테리어 전반에 대한 지식을 가능한 한 익히고 적용해 보는 것이 좋다.

다음 준공 사진들도 카메라를 대여해서 '셀프'로 촬영했다. 집 구석구석까지 통째로 새것처럼 바뀌었다. 이렇게 든 총비용은 3800만 원이다. 실제로 새집을 마련하려면 비용과 시간이 어느 정도 들지 한번 생각해 보자. 셀프 인테리어, 할만하지 않은가?

180도 탈바꿈한 현관, 현관에서
주방으로 이어지는 복도

거실

거실 천장은 직부등과 다운라이트,
간접 조명을 적절히 배치했다.

작은방1, 작은방2

안방, 화장실, 주방

주방

셀프 인테리어가 여의치 않을 때
턴키 업체 선정 기준

셀프 인테리어도 충분히 할만하지만, 시간적인 여유가 되지 않는다면 믿을만한 턴키 업체에게 인테리어를 의뢰하는 것도 좋은 방법이다. 문제는 난립하는 턴키 업체 가운데 어떤 업체를 고를지다. 필자가 직접 경험한 시행착오들을 녹여 체크리스트를 만들어봤다.

1 포트폴리오 꼼꼼히 살펴보기

턴키 업체를 결정할 때 포트폴리오는 매우 중요하다. 직접 운영하는 홈페이지나 인스타그램 등의 웹페이지를 살펴보면 해당 업체의 시공 이력을 살펴볼 수 있다. 특히 포트폴리오를 통해 업체의 시공 스타일과 시공 능력을 가늠해 볼 수 있다. 예컨대 의뢰인은 무문선이나 히든 도어로 시공하고 싶은데 12mm 문선으로만 시공하는 업체가 있을 수 있다. 화장실에 박판 타일을 쓰고 싶은데 포트폴리오를 보면 시공 경험이 없는 업체일 수 있다. 시공 이력이 풍부하고 실력이 좋은 업체는 시공비가 비쌀 수 있으니, 시공 이력은 짧지만 최신 트렌드를 잘 따라가고 책임 있는 서비스를 제공하는 신생 업체를 골라 가성비를 노리는 전략도 추천한다.

2 실내건축 면허가 있는지 확인하기

실내건축공사업 면허는 건설산업기본법 제9조제1항, 동법 시행령

제8조제1항제2호에 근거한 건설업 면허다. 건설산업기본법은 실내 건축 공사 예정 금액이 1500만 원 이상일 경우 해당 건설업 면허(실내건축공사 업종)를 등록해야 한다고 규정하고 있다. 무면허 공사업체는 적발 시 5년 이하의 징역 또는 5000만 원 이하의 벌금이 부과된다. 다만 공사 예정 금액이 1500만 원 미만일 때는 면허 없이도 시공이 가능하다.

2021년 턴키 인테리어를 의뢰할 당시 상담을 받았던 10여 업체 가운데 실내건축 면허가 있는 곳은 단 한 곳뿐이었다. 면허 발급 요건이 현실적으로 까다롭기 때문에 대부분은 버젓이 무면허 영업을 하고 있다. 이들 중에는 SNS에서 오랜 시공 경력으로 이름난 업체도 있고, 동네에서 오래 장사하고 있는 업체도 있다.

일반적으로 턴키 인테리어를 하려면 아무리 소형 공동주택이라도 5000만 원 안팎의 예산이 소요된다. 상담받은 업체들이 불렀던 견적 역시 최소 5000만 원에서 1억 5000만 원에 이르렀다.

무면허 사업자에게 프로젝트를 맡겼을 경우 가장 우려되는 점은 책임 시공 여부다. 무면허 업체가 책임을 다하지 않는다고 일축할 수는 없지만, 면허 업체들은 최소한 공사 하자보증을 위한 공제에 의무적으로 가입하고 있기 때문에 최악의 경우를 대비할 수 있다. 업체 등록을 하지 않으면 대금만 수령하고 사라진다든가 하는 등의 사고가 발생해도 추적할 수 있는 방법이 없다.

실내건축공사업 등록을 위해 법인과 개인사업자 모두 1억 5000만 원 이상의 자본금이 필요하고, 동시에 공사 보증을 위해 전문건설공제조합에 5000만 원의 출자금을 예치해야 한다. 또 건설기술자 2인 이상을 상시 채용하고 있어야 하고, 실제 사무실을 두고 업무를 영위하고 있어야 한다.

해당 업체가 공사업 면허를 등록한 업체인지 확인하려면 대한전문건설협회 (www.kosca.or.kr) 홈페이지에서 조회가 가능하다.

3 오프라인 사무실에 반드시 방문해 보기

인테리어 업체를 선정할 때 SNS에 게시된 포트폴리오를 보고 견적 의뢰까지 이어지는 경우가 많다. 온라인으로 연락하면 사무실을 방문하지 않고도 편리하게 상담과 계약을 할 수 있지만, 번거롭더라도 계약 전에 사무실 위치를 확인하고 반드시 방문 상담을 받길 권한다. 제대로 영업하는 사무실에 방문하면 온갖 마감재 샘플과 설계도, 시공하고 남은 자재들로 발 디딜 틈 없는 곳이 많다.

4 최소 5군데 이상 업체를 방문해 상담하고 비교하기

번거롭더라도 방문 상담을 여러 군데에서 받아보는 것이 의외로 굉장한 도움이 된다. 방문 상담을 받다 보면 내가 해결하고자 하는 문제에 대해 창의적인 시공 아이디어나 디자인 아이디어를 제시하는 업체를 만날 수 있고, 뜻밖의 조언을 얻을 수도 있다. 마음속으로 계약하고 싶은 업체가 정해져 있더라도 방문 상담을 통해 새롭게 의뢰하고 싶은 업체를 만날 수도 있다. 무엇보다 업체마다 제시하는 견적이 천차만별이기 때문에 합리적인 견적 범위를 추정하기 위해서도 비교 상담은 필수적이다.

5 계약 전에 상세 견적서를 주는 곳인지 확인하기

상세 견적은 반드시 계약을 체결하기 전에 받아봐야 한다. 수천만 원의 견적을 부르면서도 바쁘다거나 귀찮다는 이유로 계약 전 공정별·항목별 상세 견적을 주길 꺼리는 업체들이 많다. 계약 전에 확정된 자재 스펙이나 시공 방식을 바탕으로 상세 견적을 받지 못하면, 시공 과정에서 달라지는 주문 내용에 따라 업체가 견적을 부풀려 추가 대금을 요구하기도 쉬울뿐더러 자재나 시공 품질을 떨어뜨려 중간 이득을 남기기도 쉽다. 상세 견적을 주지 않으려는 곳과는 계약하지 않는 것이 좋다. 단 상세 견적을 받으려면 업체의 현장 실측이 선행되어야 하고, 업체에 따라 실측비를 요구할 수 있다.

6 계약서 내용을 꼼꼼히 살펴보기

공사 과정에서는 예기치 않은 소소한 갈등이 의외로 자주 일어난다. 이런 갈등에 대비하기 위해서라도 계약서는 꼼꼼히 작성해야 한다. 턴키 업체 입장에서도 공사 중 건축주와 온갖 갈등이 발생할 수 있기 때문에 계약서를 확실하게 해둔다. 계약서는 공기와 준공일을 정확히 명시하고, 전체적인 공사 대금, 이 가운데 계약금과 중도금, 시공이 끝난 후 지급하는 잔금의 비중과 지급 시기, 지급 기준 등을 반드시 언급하고 있어야 한다. 또한 준공일을 지키지 못했을 경우 발생하는 피해에 대한 보상은 물론, 무상 하자보증 기간(보통 1년)과 범위도 명시하고 있다. 계약할 때 공정 계획표 등을 추가로 부탁하면 더 좋다.

셀프 인테리어를 진행하면서 현장 기술자들과 소통하다 보면 생전 처음 듣는 단어를 많이 접할 것이다. 주로 일본에서 유래된 은어가 많기 때문이다. 관행상 쓰이는 기본적인 단어와 표현을 미리 숙지해 두면 시공 과정에서 이뤄지는 소통에 장벽을 느끼지 않고 일을 진행할 수 있다.

가벽·아트 월

인테리어 용어에서 가벽이란 실내 공간을 임의로 구분하기 위해 세우는 벽체를 말한다. 아트 월은 실내 특정 공간을 돋보이도록 만드는 포인트 벽의 일종이다. 대리석, 목재, 패브릭, 벽지 등 다양한 자재로 구현할 수 있다.

걸레받이·굽도리

걸레받이는 벽과 바닥 사이를 이어주는 바닥 몰딩이자 마감재다. 바닥 부분의 벽지가 더러워지는 것을 방지하는 역할을 한다. 주로 원목, MDF 등의 소재로 만들어진다. 굽도리는 테이프 형태의 걸레받이를 말한다. 내구성은 비슷하지만 비용은 더 저렴한데, 주로 바닥이 장판일 때 사용한다.

곰방

건설 현장에서 계단을 사용해 건설 자재를 짊어지고 옮기는 것을 의미한다. 예를 들어 '곰방을 구한다'라는 말은 타일, 시멘트, 석고 보드, 다루끼 등 인테리어 시공에 필요한 자재들이나 폐기물 등을 옮기는 일을 전문적으로 할 인부를 구한다는 의미다.

구배(경사도)

구배는 현장에서 자주 쓰이는 용어로 지층면과 수평면의 서로 기울어진 정도를 의미한다. 예컨대 '욕실 구배를 잡다'라는 말은 배수구로 물이 잘 빠지도록 욕실 바닥을 경사지게 만든다는 뜻이다.

내력벽과 비내력벽

내력벽은 벽식 구조 공동주택에서 구조적 하중을 지탱하는 기둥 역할을 하는 벽이다. 무단으로 철거하면 건물 전체의 안전을 위협하기 때문에 절대 철거할 수 없다. 인테리어 업체 가운데 간혹 내력벽에 작은 구멍을 뚫거나 일부를 철거하자고 제안하는 경우도 있는데, 적발되면 막대한 구조안전진단비를 동반한 원상 복구 명령을 받게 된다. 공동주택 주민들로부터 민사소송을 당할 수도 있다.

특히 구축 아파트의 경우 날개벽이 내력벽인 경우가 많은데 실수로라도 철거하지 않도록 해야 한다. 내력벽은 조적으로 쌓아 올린 비내력벽과 달리 내부 철근과 배근이 삽입돼 있다. 비내력벽의 경우에는 행위 허가를 받은 후 철거할 수 있다. 벽체 철거를 계획하고 있다면 반드시 지자체와 관리사무소에 크로스체크한 후 공사를 진행하는 것이 안전하다.

덧방

덧방은 기존에 시공된 건축·인테리어 자재를 철거하지 않은 상태에서 그 위에 새로운 자재를 덧대 시공하는 것을 말한다. 주로 마루 바닥재나 욕실 타일 부분 등에 덧방 시공이 이뤄진다. 철거 작업을 생략하기 때문에 작업 시간이 줄어들고 시공 비용을 줄이는 효과가 있다. 이 때문에 많은 인테리어 업체가 덧방을 추천한다.

하지만 덧방은 기존 자재의 상태와 바닥의 높낮이, 기존 마감재의 시공 연도 등을 면밀히 고려한 다음 결정해야 한다. 타일에 여러 번 덧방을 하는 경우 벽체가 약해지고 기존 타일이 탈락해서 사고로 이어질 위험이 있다. 또 벽과 바닥의 마감이 타일 높이만큼 두꺼워지므로 공간이 좁아지며, 욕실의 경우 문틀보다 타일이 높아지는 문제가 발생할 수도 있다. 마루를 여러 번 덧방을 하면 기존 마감재와 새 마감재 사이 틈으로 곰팡이 등이 번식해 위생적으로 좋지 않다.

도기질 타일·자기질 타일

도기질 타일은 타일 중 가장 내구도가 떨어진다. 수분 흡수율이 높기 때문에 습기가 많은 욕실이나 바닥에는 쓰지 않고 실내 벽 마감재로 사용한다.

자기질 타일은 방수가 잘되기 때문에 실내 벽과 바닥은 물론 욕실에도 시공이 가능하다. 미끄럽지 않고 열전도율이 높다. 자기질 타일은 다시 유광·무광 여부에 따라 포세린 타일과 폴리싱 타일이 있다.

포세린 타일은 1000도 이상의 고온에서 구워낸 매트한 느낌의 무광 타일로 수분을 거의 흡수하지 않고 내구도가 매우 높다. 강도가 높기 때문에 충격을 흡수하지 못한다. 폴리싱 타일은 포세린 타일의 표면에 유약을 바르거나 연마를 해서 가공한 타일이다. 오염에 강한 반면 미끄럽고 광이 나며 생활 기스에 약하다.

몰딩

몰딩은 벽과 천장, 벽과 바닥이 만나는 경계에 사용되는 마감재다. 천장 몰딩, 바닥 몰딩, 기둥 몰딩, 문선 몰딩, 패널 몰딩 등 다양한 몰딩 종류가 있다. 면과 면이 만나는 부분은 직각으로 꺾여 있어 깔끔하게 시공되지 않을 수 있는데, 몰딩은 이 부분을 깔끔하게 가려주며 마무리하는 역할을 한다. 몰딩도 생김새나 위치에 따라 크라운 몰딩, 평몰딩, 계단식 몰딩, 무몰딩, 마이너스 몰딩 등 다양한 종류가 있다. 특히 최근에는 아예 시공하지 않는 무몰딩이나 마이너스 몰딩이 새로운 트렌드로 떠오르고 있다.

문선

문선은 문틀과 벽 사이 틈이나 울퉁불퉁한 벽면을 가리기 위한 몰딩의 일종이다. 일반 문선은 60~70mm 정도 두께다. 최근에는 점점 얇은 문선이 유행하면서 12mm, 9mm 문선이 일반적으로 시공되며 문선이 없는 것처럼 보이는 무문선 시공도 늘어나는 추세다. 문선이 얇아질수록 시공자의 숙련도가 중요해진다.

박판 타일

박판 타일은 대형 타일의 일종으로 두께가 3~6mm로 얇아서 박판 타일이라고 불린다. 보통 600×1200, 1000×3000, 1600×3200 크기가 보편적이다. 무늬나 패턴이 잘리지 않아 자연스러운 연출이 가능하다. 시공이 까다롭고 시공 비용이 높다.

벽수전·입수전

수전이 벽에 붙어 있으면 벽수전이고 싱크볼에 연결되어 있으면 입수전이다. 구축 아파트의 경우 벽수전이 많고 신축은 입수전이 대부분이다.

실링팬

프로펠러 모양으로 생긴 천장용 선풍기로 인위적인 대류 현상을 발생시켜 내부 공기 순환을 촉진하고 쾌적한 환경을 조성한다. 냉난방기와 함께 사용하면 효율을 높인다. 층고가 높을수록 효과를 톡톡히 발휘한다. 최근에는 아파트 거실 등에 시공하면서 디자인 효과를 노리는 경우도 많다.

우물천장·평천장

주로 거실 등 공용 공간에 시공하는 우물천장은 천장 중앙을 우물처럼 패인 형태로 시공한 것이다. 층고가 높아져 공간감이 좋고 단차를 이용해 간접 조명을 시공할 수 있다.

평천장은 일반적으로 평평한 천장을 의미한다. 특별한 단차는 없지만 매립 직부등은 물론 커튼 박스 시공을 통해 간접 조명 시공도 가능하다. 공간을 가장 간결하게 보이게 하는 기본적인 디자인이다.

원피스·투피스·벽부형 변기

투피스형 변기는 물탱크와 변기 부분이 완전히 분리된 변기다. 원피스형 변기는 물탱크와 변기가 하나로 이어져 있는 변기다. 접합부에 물때가 끼지 않고 물을 절약할 수 있으나 투피스 변기보다 비싸다. 벽부형 변기는 물탱크와 배수부가 벽에 매립돼 있고 변기 부분이 바닥에서 떨어져 있는 형태의 변기다. 미관상 가장 깔끔한 형태이나 시공비와 자재비가 비싸고 배관 공사가 추가로 발생할 수 있다. 수압이 낮은 곳에는 설치를 권하지 않으며 유지 보수가 까다롭다.

유가

'유까'라는 일본어에서 파생된 언어로 본래의 뜻과 다르게 욕실과 발코니, 다용도실 등의 바닥 배수구라는 의미로 통용되고 있다. 정사각형, 원형 유가 외에도 직사각형의 트렌치, 타일 유가 등 다양한 디자인이 있다.

조적 젠다이

일본식 표현이다. 벽돌을 쌓아 만든 선반을 의미하며 일본어 '센다이'에서 유래했다. 우리말로 순화하면 '욕실 선반'이 옳은 표현이다. 벽돌을 조적해서 시공하는 조적 젠다이는 욕실 선반이 주요 역할이지만 변기와 세면대의 간격을 조정하는 역할을 하기도 하며, 세면대 바닥 배수를 벽 배수로 변경할 때 배수관을 가려주는 역할을 하기도 한다.

졸리컷

타일과 타일이 만나는 경계면을 45도로 갈아내서 코너 비드(재료분리대) 없이 마감하는 타일 시공 방식이다. 현장에서는 '면치기'라고도 하며, 시공 시간이 길어지고 숙련공 인건비가 비싸기 때문에 졸리컷 시공을 주문하면 단가가 올라간다. 깨지기 쉬운 도기질 타일보다는 자기질 타일로 주로 시공하며 대부분 포세린 타일에서 졸리컷 마감을 한다. 화장실 등 공간에 졸리컷 마감을 하면 코너 비드나 젠다이 같은 다른 재료가 들어가지 않기 때문에 타일로만 디자인된 공간의 완결성을 추구할 수 있다. 하지만 졸리컷 마감만이 정답은 아니다. 공간의 특성이나 디자인에 맞게 적절한 마감재로 대체할 수 있다면 더 경제적이고 합리적으로 시공할 수 있다.

줄눈(메지)

욕실이나 부엌, 베란다 등 타일 시공을 할 때 타일을 고정한 후 사이사이 빈 곳을 메우기 위해 백시멘트 등의 재료를 채워 넣는데 이 부분을 줄눈 혹은 메지라고 한다. 재료는 크게 시멘트계와 폴리우레탄계로 분류할 수 있지만, 가장 보편적인 재료는 백시멘트다. 현장에서는 일본어의 잔재로 '메지'라고 자주 불린다.

코너 비드

코너 비드란 건축공사에서 타일, 도기, 석재, 목재 등 이질적인 재료들이 서로 만나는 경계면에 붙이는 자재다. 접합부의 단차를 최소화하고 매끄럽게 보이도록 연결하는 역할을 하며, 마감 품질을 높이고 벽체 등을 파손과 마모로부터 보호하는 역할을 한다. 스테인리스, PVC, 알루미늄 등 다양한 재료로 만들어진다. 요즘에는 미관상의 이유로 코너 비드 등을 넣지 않고 이질적인 재료가 바로 맞닿는 방식으로 시공하는 곳도 많아지고 있다. 코너 비드를 쓰지 않는 시공은 추후 요철이 발생하는 등 다양한 하자 가능성이 있으므로 시공자의 숙련도가 중요하다. 코너 비드를 쓴 것보다 못한 결과물이 나올 수 있다.

코킹

내부 코킹은 일반적으로 가구나 조명까지 모든 공정이 끝난 후 재료의 접합부를 충진하는 실리콘 공정을 일컫는다. 외부 코킹은 주로 창호 둘레나 외벽 패널의 조인트, 천장 지붕의 미세한 크랙 등을 실링재로 충전하는 작업을 의미한다. 외부로부터 단열을 극대화하고 빗물 등이 침투하지 않도록 하는 효과를 낸다. 공동주택의 경우 외벽에서 로프를 타고 작업을 해야 하기 때문에 시공비가 비싸다.

탑볼·언더볼

싱크볼이나 세면대(bowl)를 두는 방식을 의미한다. 둘의 차이는 탑볼의 경우 세면대를 상판 위에 올려두는 방식이고, 언더볼은 세면대를 상판 아래로 매립하는 방식이다.

테라스·베란다·발코니

테라스는 정원 일부를 높이 쌓아 올린 대지 부분이다. 옥외 공간으로서 1층에만 설치되며, 실내 높이보다 낮게 조성된다. 2층 이상 주택에 마련된 공간은 베란다로 분류된다. 지붕이 있을 수 있는 베란다나 발코니와 달리 테라스는 지붕 없이 일반 땅 위에 조성해야 하는 것이 차이점이다.

베란다는 아래층과 위층의 면적 차이로 생기는 공간이다. 서비스 면적이기는 하지만 천장이 없으며 확장 공사는 불법이다. 단독주택 2층의 자투리 공간을 생각하면 된다. 모든 층의 면적이 같은 일반적인 아파트에서 거실에 붙어 있는 공간은 베란다가 아니라 발코니라고 부르는 것이 정확하다. 다시 말해 아파트는 '발코니 확장'이 정확한 표현이다.

발코니는 건축물의 외벽에 접하며 거실을 연장해 밖으로 돌출시켜 설치되는 공간이다. 건축물의 내부와 외부를 연결하는 완충 공간으로, 지붕이 있을 수도 있지만 없을 수도 있다. 난간이 둘러져 있어서 건물 외부에서 볼 때는 장식적 요소로 볼 수도 있다. 1.5m 이내 범위에서 확장이 가능하다.

템버 보드

템버 보드는 고밀도 MDF를 라운드, 삼각형, 사각형 등 다양한 디자인으로 가공해 이어 붙여 만든 보드다. 입체감 있는 무늬의 마감재로 벽체나 가구 등에 붙여서 장식적 효과를 노린다. 판 형태도 있지만 주로 롤 형태로, 평면뿐만 아니라 곡면에서의 시공이 가능하다.

품·식

1품은 기술자가 하루에 일하는 비용(주로 9시~5시 기준)을 말하는 단위다. 1식은 한 작업을 가리키는 단위다. 작업의 견적을 물어볼 때 주로 쓰인다.

헤베·루베

헤베는 면적 단위로 1헤베는 1제곱미터를 뜻한다. 일본에서 평방미터를 가리키는 '헤이베이'가 우리나라로 넘어오면서 '헤베' 또는 '회배'로 굳어졌다. 루베는 부피 단위이며, 1루베는 1세제곱미터다.

T(티)·전

T는 두께 단위이며, 1T는 1mm를 의미한다. 타일이나 목재 등 인테리어 자재의 두께를 나타낼 때 사용한다. 전은 길이 단위이며, 1전은 1cm를 의미한다. 각종 자재의 길이를 나타낼 때 사용한다.

공정 계획표 | 현장명:

공종	업체	월											

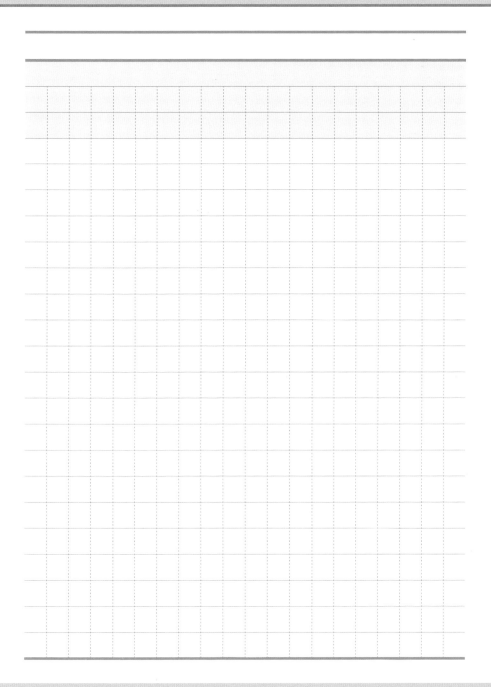

공정 계획표 | 현장명:

공종	업체	월										

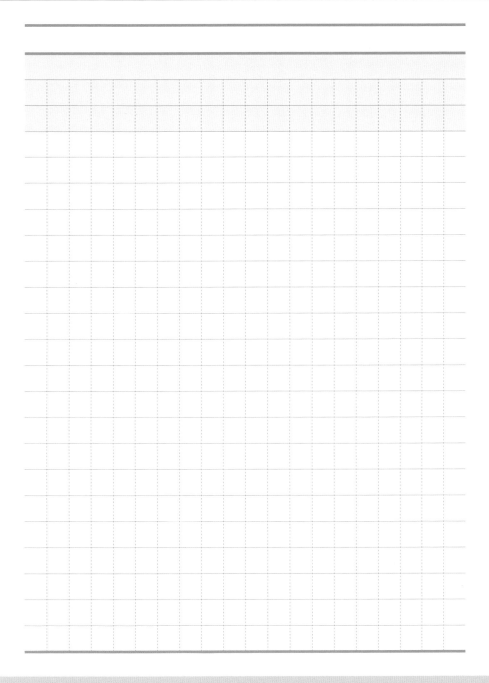

인테리어 비용 집행 내역

업체	공정표	세부 공정	비용(만 원)
합계			

인테리어 비용 집행 내역

업체	공정표	세부 공정	비용(만 원)
합계			

먼저 시작한 사람은 나중에 온 사람들에게 공과 과가 모두 들어 있는 일
의 경로를 보여줄 수 있어야 한다. 그래야만 실패가 개인적인 시행착오
로 끝나지 않고 공동의 자산으로 진화한다.

—제현주, 《일하는 마음》

두 해에 걸쳐 턴키 인테리어와 셀프 인테리어를 각각 경험하면서 관
찰한 국내 인테리어 시장은 굉장히 역동적이다. 2021년까지 기자 생활을
하며 인테리어 자재 및 유통 업체들을 취재했는데, 실전에서 경험해 본
시장은 훨씬 변화무쌍하고 트렌드가 매우 빠르게 변화하는 업계다.

앞으로 인테리어 시장 트렌드는 턴키로 진행하는 '올-인테리어'보다
셀프로 진행하는 부분 개보수 방향으로 변화할 것으로 보인다. '좋은 집'
을 원하는 수요는 매해 커지고 있고, 개보수가 필요한 구축도 늘어나고
있다. 그러나 자재비나 인건비 등은 접근하기 어려운 수준으로 치솟고
있다. 따라서 '셀프'는 자연스러운 흐름이다.

2021년까지만 해도 인테리어 업계는 호황기를 누렸다. 부동산 가격
이 급격히 오르면서 집주인들은 인테리어에도 심리적으로 후한 예산을
배정했다. 괜찮은 포트폴리오를 가진 업체에는 문의가 쏟아졌고, 웃돈을
주고서라도 검증된 업체를 선점하고 싶어 했다. 타일, 도배, 금속, 마루
등 주요 공정의 기술자 몸값도 천정부지로 치솟았다. 상위 몇몇 인테리
어 업체는 어마어마한 마진을 남기면서 사옥을 신축했다.

그러나 분위기는 2022년부터 급랭했다. 부동산 거래 심리뿐만 아니라 거래 빈도 자체가 기하급수적으로 줄어들었기 때문이다. 초호화 인테리어를 원하는 수요는 작년보다 크게 줄어들었다. 이사하는 집이 많을수록 인테리어 업계가 호황기를 맞이한다는 점을 고려하면, 턴키 업체에게 2022년은 갑작스레 찾아온 혹한기임에 틀림없다.

아이러니한 점은 이런 극단적인 시장 변화 속에서도 '좋은 집'에 대한 열망은 줄어들지 않고 있다는 것이다. 여전히 SNS에 아름답게 단장한 주택 사진이 유행처럼 올라오면서 주거 수준에 대한 대중들의 요구를 상향 평준화하는 데 기여하고 있다. 수도권을 중심으로 구축 주택들이 매해 늘어나며 리모델링이나 재건축 수요에 꾸준히 불을 지피고 있다. 부분적 개보수는 물론 전면 개조가 필요한 주택도 누적되고 있다. 인테리어 수요가 소멸된 것이 아니라 수요의 방향이 변하고 있는 것이다. 합리적인 예산으로 자신이 사는 집을 부분적으로 개보수해서 다시 살거나, 언젠가 되팔기 위해 주택의 가치를 올리려는 목적의 인테리어는 늘 잠재적인 수요로 남아 있다.

최근까지 기하급수적으로 오른 기술자들의 몸값과 자재비는 떨어지지 않았다. 인테리어 업체의 마진이 평균 30% 안팎이라는 것을 고려하면, 소비자들이 비용을 줄이고자 하는 곳도 턴키 업체가 차지하고 있는 관리 부분이 될 수밖에 없다. 우리에게 인테리어를 의뢰한 건축주 생각도 크게 다를 바 없었다. 이번 프로젝트를 진행하면서 만난 기술자들은

"제 일감은 안 줄어들었어요. 그런데 업체들, 특히 신생들은 개업하자마자 폐업하는 곳이 유독 많아졌더라고요."라고 입을 모은다.

여유만 있다면 '어차피 해야 하는' 셀프 인테리어는 미룰 이유가 없다고 생각한다. 각 공정에 대한 정보는 유튜브나 인터넷으로 비교적 투명하게 공유되고 있다. 약간의 도움만 있다면 당신도 직영 시공에 도전할 수 있다. 내 가족이 거주할 공간을 직접 꾸미는 것만큼 가슴이 벅차오르는 일은 없을 것이다.

요즘 시대에 주택 리모델링이나 인테리어는 누구나 일생에 한 번씩 거쳐 가는 숙제가 되어버린 것 같다. 그래서 인터넷 카페만 들어가도 이것저것 정보가 넘쳐나고, 유튜브에도 관련 영상이 많다.

그러나 실제로 셀프 인테리어를 추진하면서 필자가 느낀 것은 정반대였다. 정보의 홍수 가운데서 어떤 '전문가'의 말이 맞고 틀린지, 어떤 자재와 시공 방법이 지금 내 현장의 상황에 가장 적합한 선택지인지 역설적으로 판단하기가 어려웠다. 셀프 인테리어 카페나 기술자 카페에 들어가 보면 '자신이 선택한 방법'은 있었지만 제각각이었고, 같은 방법으로도 실패한 결과물과 성공한 결과물을 이끌어낸 경험이 혼재돼 있어 옥석을 가리기 힘들었다. 여러 목수에게 우리 현장에 대해 조언을 구했을 때 저마다 다른 시공법을 해결책으로 내놓은 적도 있었다.

시공 초보는 어쩔 수 없이 전문가나 기존 경험자들에게 듣거나 본 정보를 실제 현장에 적용해 나가면서 여러 가지 시행착오를 겪어내야만

한다. 필자 역시 작은 현장이지만 한정된 예산으로도 최고의 완성도를 만들어내고 싶었기에, 최적의 시공 방식과 자재가 무엇인지 프로젝트 내내 고민했다.

이 책은 셀프 인테리어 가운데서도 가장 기초적이고 대중적인 공정만을 요약했다고 말하는 것이 적합할 것이다. 인테리어는 수많은 공정의 집합이며 공정 가운데서는 유리나 금속을 정교하게 다루거나, 좀더 복잡한 목공을 구현한다거나 하는 고급 기술이 필요할 때도 있다. 하지만 이 책은 저예산으로 인테리어를 처음 도전하는 독자들에게 도움이 되고자 했으므로 이 같은 '플러스알파' 공정은 배제했다.

현장을 마감하고 생각해 보니, 셀프 인테리어를 시도하는 수많은 사람이 우리가 거쳐온 고민과 시행착오를 또 겪을 것이라는 생각이 들었다. 그래서 시행착오와 고민의 과정, 선택의 결과물을 가감 없이 글로 적어 공유하고 싶었다. 누군가는 이 책을 읽고 우리와 같은 방식을 선택하거나, 우리와 다른 방식을 시도해 볼 것이다. 그 과정에서 우리의 경험이 조금이나마 도움이 되길 바란다.

인테리어 셀프 실전 교과서
인테리어 업체에 기죽지 않는 건축주를 위한
설계·계약·시공·자재·마감 공정별 인테리어 실전 가이드

1판 1쇄 펴낸 날 2024년 3월 27일

지은이 점효
감수 신병민
주간 안채원
책임편집 윤성하
편집 윤대호, 채선희, 장서진
디자인 김수인, 이예은
마케팅 함정윤, 김희진

펴낸이 박윤태
펴낸곳 보누스
등록 2001년 8월 17일 제313-2002-179호
주소 서울시 마포구 동교로12안길 31 보누스 4층
전화 02-333-3114
팩스 02-3143-3254
이메일 bonus@bonusbook.co.kr

ISBN 978-89-6494-689-3 13590

• 책값은 뒤표지에 있습니다.

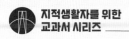

지적생활자를 위한
교과서 시리즈 _____ 지식은 현장에 있다

자동차 구조 교과서

아오야마 모토오 지음
김정환 옮김
임옥택 감수 | 224면

자동차 정비 교과서

와키모리 히로시 지음
김정환 옮김
김태천 감수 | 216면

자동차 에코기술 교과서

다카네 히데유키 지음
김정환 옮김
류민 감수 | 200면

자동차 연비 구조 교과서

이정원 지음 | 192면

자동차 첨단기술 교과서

다카네 히데유키 지음
김정환 옮김
임옥택 감수 | 208면

전기차 첨단기술 교과서

톰 덴튼 지음
김종명 옮김 | 384면

자동차 운전 교과서

가와사키 준코 지음
신찬 옮김 | 208면

자동차 버튼 기능 교과서

마이클 지음 | 128면
(스프링)

로드바이크 진화론

나카자와 다카시 지음
김정환 옮김 | 232면

**모터사이클 구조
원리 교과서**

이치카와 가쓰히코 지음
조정호 감수 | 216면

비행기 구조 교과서

나카무라 간지 지음
전종훈 옮김
김영남 감수 | 232면

비행기 엔진 교과서

나카무라 간지 지음
신찬 옮김
김영남 감수 | 232면

비행기 역학 교과서

고바야시 아키오 지음
전종훈 옮김
임진식 감수 | 256면

비행기 조종 교과서

나카무라 간지 지음
김정환 옮김
김영남 감수 | 232면

비행기 조종 기술 교과서

나카무라 간지 지음
전종훈 옮김
마대우 감수 | 224면

**비행기, 하마터면
그냥 탈 뻔했어**

아라완 위파 지음
최성수 감수 | 256면

헬리콥터 조종 교과서

스즈키 히데오 지음
김정환 옮김 | 204면

기상 예측 교과서

후루카와 다케히코,
오키 하야토 지음
신찬 옮김 | 272면

다리 구조 교과서

시오이 유키타케 지음
김정환 옮김
문지영 감수 | 248면

반도체 구조 원리 교과서

니시쿠보 야스히코 지음
김소영 옮김 | 280면

권총의 과학

가노 요시노리 지음
신찬 옮김 | 240면

총의 과학

가노 요시노리 지음
신찬 옮김 | 236면

사격의 과학

가노 요시노리 지음
신찬 옮김 | 234면

잠수함의 과학

야마우치 도시히데 지음
강태욱 옮김 | 224면

악기 구조 교과서

야나기다 마스조 지음
안혜은 옮김
최원석 감수 | 228면

홈 레코딩 마스터 교과서

김현부 지음
윤여문 감수 | 450면

**꼬마빌딩 건축
실전 교과서**

김주창 지음 | 313면

**조명 인테리어
셀프 교과서**

김은희 지음 | 232면

세탁하기 좋은 날

세탁하기좋은날TV 지음
160면

**고제희의
정통 풍수 교과서**

고제희 지음 | 416면

인체 의학 도감 시리즈
MENS SANA IN CORPORE SANO

인체 해부학 대백과

켄 에슈웰 지음
한소영 옮김 | 232면

인체 구조 교과서

다케우치 슈지 지음
오시연 옮김
전재우 감수 | 208면

뇌·신경 구조 교과서

노가미 하루오 지음
장은정 옮김
이문영 감수 | 200면

뼈·관절 구조 교과서

마쓰무라 다카히로 지음
장은정 옮김 | 다케우치 슈지,
이문영 감수 | 204면

혈관·내장 구조 교과서

노가미 하루오 외 2인 지음
장은정 옮김 | 이문영 감수
220면

인체 면역학 교과서

스즈키 류지 지음
장은정 옮김
김홍배 감수 | 240면

인체 생리학 교과서

장은정 옮김
이시카와 다카시,
김홍배 감수 | 243면

인체 영양학 교과서

장은정 옮김
가와시마 유키코,
김재일 감수 | 256면

질병 구조 교과서

윤경희 옮김
나라 노부오 감수 | 208면

동양의학 치료 교과서

장은정 옮김
센토 세이시로 감수 | 264면

농촌생활 교과서

성미당출판 지음
김정환 옮김 | 272면

산속생활 교과서

오우치 마사노부 지음
김정환 옮김 | 224면

무비료 텃밭농사 교과서

오카모토 요리타카 지음
황세정 옮김 | 264면

**텃밭 농사 흙 만들기
비료 사용법 교과서**

오우치 마사노부 지음
김정환 옮김 | 224면

매듭 교과서

박재영 옮김
하네다 오사무 감수 | 224면

**목공 짜맞춤
설계 교과서**

테리 놀 지음 | 이은경 옮김
이동석, 정철태 감수 | 224면

집수리 셀프 교과서

맷 웨버 지음 | 김은지 옮김
240면

태양광 발전기 교과서

나카무라 마사히로 지음
이용택 옮김 | 이재열 감수
184면

스포츠 시리즈

TI 수영 교과서

테리 래플린 지음
정지현, 김지영 옮김
폴 안 감수 | 208면

다트 교과서

이다원 지음 | 144면

**당구 3쿠션
300 돌파 교과서**

안드레 에플러 지음
김홍균 감수 | 352면

배드민턴 전술 교과서

후지모토 호세마리 지음
이정미 옮김
김기석 감수 | 160면

테니스 전술 교과서

호리우치 쇼이치 지음
이정미 옮김
정진화 감수 | 304면

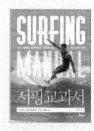

서핑 교과서

이승대 지음 | 210면

야구 교과서

잭 햄플 지음
문은실 옮김 | 336면

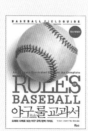

야구 룰 교과서

댄 포모사, 폴 햄버거 지음
문은실 옮김 | 304면

체스 교과서

가리 카스파로프 지음
송진우 옮김 | 97면

클라이밍 교과서

ROCK & SNOW 지음
노경아 옮김
김자하 감수 | 144면

트레일 러닝 교과서

오쿠노미야 슌스케 지음
신찬 옮김 | 172면